KB095799

아침마다 숲길을 거닙니다.

움 트고 새 날아

말 한마디 건네지 않아도

숨구멍은 저절로 열리고

가지에 바람이 흔들립니다.

발걸음이 빨라지면

나무들도 고개를 끄덕입니다.

속상한 날이건 즐거운 날이건

그런 건 다 내뿜어버리고

제 생명의 입김 실컷 마시라 합니다.

〈산책〉 중에서 – 김형경

힐링 산림욕

초판 1쇄 인쇄 2019년 4월 20일 **초판 1쇄 발행** 2019년 5월 1일

지은이 신원섭

펴낸이 김용태 **펴낸곳** 이룸나무
편집장 김유미 **편집** 김지현 **마케팅** 출판마케팅센터

주소 410-828 경기도 고양시 일산동구 탄중로 403 1202-901
전화 031-919-2508 **마케팅** 031-943-1656 **팩시밀리** 031-919-2509
E-mail iroomnamu@naver.com
출판 신고 제 2015-000016 (2009년 9월 16일)
가격 17,000원
ISBN 978-89-98790-78-3 13470

치유의 숲에서 하루를

힐링 산림욕

신원섭 지음

이룸나무

프롤로그

우리는 왜 숲이 필요한가

'숲은 우리에게 무엇인가?'란 화두를 가지고 30여 년을 연구해왔다. 아니, 생각해보면 지금껏 나를 키운 것 8할 이상은 숲이 아닌가 싶다. 나는 진천의 산촌에서 태어나 학교에 다니기 전까지 그곳에서 자랐다. 앞산과 뒷산의 나무와 숲이 계절마다 달라지는 모습, 마루에 앉아 산등성이의 나무 모습을 보며 갖가지 상상의 나라로 여행했던 기억이 지금도 생생하다.

숲은 몸과 마음의 평안과 안식을 가져다주기 때문에 휴식처로 각광을 받는다. 숲에서는 우리가 일상에서 느끼는 감정과 다른 감정을 느끼게 한다. 숲에서는 모든 사람의 마음이 열리고 이해의 폭이 넓어진다. 우리의 일상에서는 자신의 페이스보다는 쫓기는 듯한 스케줄에 자신을 맞추어야 하지만 숲에서는 자신이 조절할 수 있는 기회가 주어진다. 숲에서는 독촉하는 전화도, 보고서의 마감도, 그리고 받아야 하는 결재도 걱정할 필요가

없다. 그래서 숲은 일상에서 받는 몸과 마음의 긴장과 스트레스를 완화시켜 준다.

숲은 또한 조용히 자신을 돌아볼 수 있는 여유와 기회를 제공한다. 살아가면서 잊었던 나의 정체성, 인생의 목표, 그리고 반성. 이러한 것들은 우리 인간을 더욱 성숙하게 만든다. 숲속으로 난 고적한 탐방로를 따라 혼자 거닐면 그 무엇도 방해할 수 없는 자유를 느끼게 되고, 나뭇가지를 스치는 바람 소리조차도 내게 속삭이는 듯하다. 지금까지 걸어왔던 인생의 길을 돌아보고 반성하며, 새로운 인생의 지도가 다시 그려진다. 그래서 우리는 모두 철학자가 되고 잃었던 자아를 찾는다.

참으로 어지러운 세상이다. 내 편과 네 편으로 나뉘고 경쟁에서 이겨야

살아남는 시대에 살아가는 우리는 마치 브레이크가 고장 난 차를 타고 질주하는 모습과 같다는 생각이 든다. 숲을 통해 건강하고 행복하며 또 삶의 의미를 찾는 지혜가 필요하지 않을까? 이 책을 통해 우리 인류가 태어나고 자랐던 숲과 교류하며 행복하고 의미 있는 삶을 살도록 하는 데 조금이나마 도움이 되었으면 한다.

2019년 4월

숲이 새 생명을 일깨우는 봄에 개신동 캠퍼스에서

신원섭

C o n t e n t s

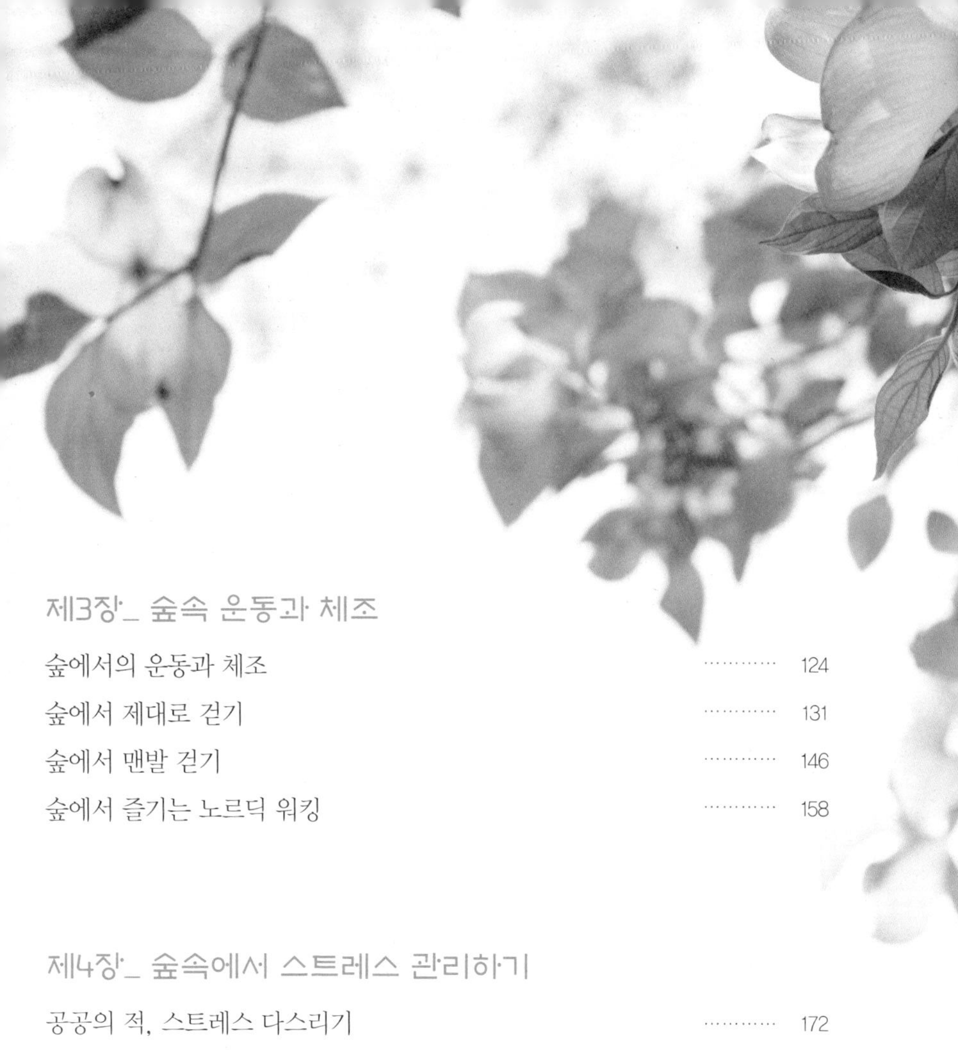

제3장_ 숲속 운동과 체조

제4장_ 숲속에서 스트레스 관리하기

1장

왜, 산림욕을 해야 할까?

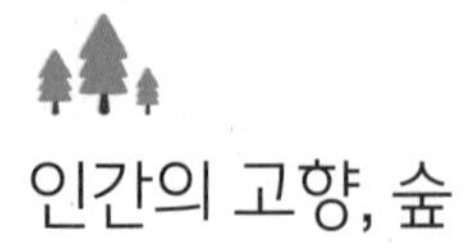

인간의 고향, 숲

우리는 왜 숲의 아름다움에 감동하고, 기회가 닿는대로 숲에 가려고 하는 것일까, 왜 시간과 돈을 들여가며 주말엔 숲으로 떠나는 것일까, 왜 사람들은 숲속의 별장을 갖고 싶어 할까? 그 답을 찾기 위해서는 우선 우리 인간의 기원부터 살펴보아야 할 것이다.

세계적 학술지인 〈사이언스〉는 에티오피아 아와시강 지역에서 발굴된 유골로 47명의 과학자가 16년간 복원작업을 벌여 '아르디'란 별명을 가진 최고 오래된 인간의 모습을 공개했다. 과학자들은 아르디가 지금까지 알려져 온 300~360만 년 전의 '루시'라고 불린 조상보다 훨씬 전에 생존했던 약 4백40만 년 전 인류 조상이라고 밝히고 있다. 또한, 과학자들은 지구에서 인간의 역사가 적어도 약 7백만 년 정도는 된다고 추정하고 있다.

7백만 년, 우리 인간의 머리로는 도저히 상상이 가지 않는 세월이다. 그 장구한 세월 동안 인류는 거의 대부분 숲에서 수렵과 채취로 살아왔다는 게 인류학자들과 고생물학자들의 공통된 견해이다. 즉, 인류 역사의 대부

인류는 7백만 년 장구한 세월 동안 거의 대부분 숲에서 수렵과 채취로 살아왔다.

분(약 99.9% 이상)에 해당하는 기간을 아프리카 사바나 등의 숲에서 수렵과 채취로 살아왔다는 것이다. 그리고 1만 년에서 5천 년 전쯤 인간은 숲에서 나와 공동체 생활을 하면서 농경과 축산을 통해 식량을 재배하고 사육을 시작하였다. 현재 우리의 생활을 지배하는 모든 것들은 인류가 숲에서 나와 공동체 생활을 하기 시작한 이후의 산물들이다.

과학자들에 의해 복원된 현생 인류의 조상 '아르디(Arid)'의 모습

사바나 이론(Savana theory)

1만 년이란 세월은 우리 인간의 삶에 비추어 볼 때 꽤 유구한 시간이다. 그러나 진화라는 시간의 척도에 비추어보면 1만 년은 아주 짧아서 우리의 몸과 마음은 그사이에 변화된 환경에 적응하는데 불충분하다. 다시 말하면 우리의 육체적/심리적 유전설계는 1만 년 전 숲에서 살았던 조상의 것과 별로 큰 차이가 없다. 인간이 숲에서 나온 이후 1만 년의 세월 동안 환경의 변화를 살펴보면, 우리 주변의 환경은 너무나도 급속히 변화하고 있다. 하루가 다르게 변화하는 도시의 모습들, 기술 및 산업의 발전….

여기서 우리 인간은 큰 갈등과 모순을 경험한다. 인간의 유전적 기제는 1만 년 전의 환경에 맞도록 설계되어 있는데, 실제 생활하고 대면해야 할 환경은 설계도와 너무나 딴 판이다.

"인간의 두뇌는 인류 초창기 환경에 존재하지 않았던 개체와 상황을 파악하고 대처하는 데 어려움을 겪는다."

이것이 소위 진화심리학자들이 말하는 '사바나 이론'이다.

사바나 이론에 의하면 숲은 인간의 탄생지이자, 인간 역사의 대부분을 살아온 고향이다.

사바나 이론에 대한 증거는 오늘날 우리의 생활 속에서도 찾아볼 수 있다. 꽃을 예로 들어보자. 사람들은 누구나 꽃을 좋아한다. 그래서 사랑을 고백할 때, 생일 또는 각종 기념일에 꽃을 선물한다. 꽃이란 무엇인가? 식물 생리학적으로 말하자면, 꽃은 바로 식물의 생식기이다. 꽃을 통해 수정이 이루어지고 또 열매를 맺는다. 따라서 채취 생활을 했던 우리 조상들의 처지에서 보면 꽃은 생존에 꼭 필요한 음식을 제공해주는 원천이었던 것이다. 현대인들이 꽃의 아름다움에 매료되고 선호하는 이유도 바로 우리 조상들의 생존에 대한 유전 설계가 아직도 유효하게 작동되고 있음을 알려주는 증거이다.

또 다른 재미있는 예를 하나 더 들어보자. 남자와 여자의 쇼핑 습관을 보더라도 사바나 이론의 증거를 엿볼 수 있다. 미국 미시간 대학의 진화심리학자인 대니얼 크루거(Kruger)의 연구에 따르면 남녀의 쇼핑 행태 차이가 남성은 사냥, 여성은 채집을 맡았던 원시시대의 습성이 지금까지 현대인의 유전자에 남아있기 때문이라고 주장한다. 백화점이나 쇼핑몰에서 대부분의 남성들은 다른 것은 신경 안 쓰고 사려고 했던 것만 구입해서 바로 나온다. 이 행동은 숲에서 살던 시대에 사냥감을 발견해서 죽인 뒤 바로 집으로 돌아오던 것과 비슷하다. 반면, 여자들의 쇼핑 행태는 남자들의 그것과 확연히 다르다. 사려는 물건의 색깔, 스타일, 촉감 등을 꼼꼼히 살피고, 그것도 모자라 점원에게 이것저것 물어보기도 한다. 물건 하나 사는 데 몇 시간, 심지어는 며칠을 소비하기도 한다. 이러한 여성의 행동은 가족의 건강을 위해 가장 잘 익고 맛있는, 그리고 색깔 고운 열매를 찾으려 덤불 속을 뒤지는 숲속 생활 시대의 채집행태에서 기인한다는 것이 크루거 교수 연구의 주장이다.[1]

숲은 우리에게 물질적인 자원을 공급하는 경제자원, 쾌적한 환경을 제공하는 환경자원, 휴양과 휴식을 제공하는 문화적 자원을 넘어서 우리의 정체성을 밝혀주고 삶의 본질과 의미를 갖게 해주는 필수불가결한 자원이다. 그러나 현대를 살고 있는 우리는 우리의 몸과 마음이 그토록 갈망하는 숲과 거의 단절된 생활을 하고 있다. 하루 24시간 맨땅을 한번 밟아보지 못하고 살고 있다. 우리에게 숲과 산림욕이 필요한 절실한 이유이다. 숲을 자주 접함으로써 우리는 보다 인간다운 인간으로 살아갈 수 있다. 우리가 가진 본능과 잠재적 능력을 숲을 통해 펼쳐낼 수 있으며 그럼으로써 우리는 보다 건강한 인간, 행복한 인간, 그리고 자아실현된 인간으로 살아갈 수 있다.

---

1. Kruger, D. 2009. Journal of Social, Evolutionary and Cultural Psychology.

바이오필리아(biophilia)와 바이오포비아(biophobia)

사바나 이론은 인간과 숲의 관계를 태생적으로 설명한다. 마치 아이가 엄마의 자궁에서 10개월 동안 잉태되어 세상에 태어나듯이 숲은 우리의 진화적 모태이다. 따라서 우리의 유전설계에 숲을 의존하고 숲에 영향을 받는 인자가 포함되어 있다는 가설이 바로 '바이오필리아와 바이오포비아'이다.

미국 하버드 대학의 윌슨 교수가 주장한 '바이오필리아'란 인간이 숲과 자연을 의존하고 사랑하여야 하는 유전인자가 있어 숲과 자연은 인간 생존에 필수적이란 이론이다. 인간은 아름다운 자연 경관에 감탄하고, 꽃을 보면 좋아하고, 또 숲에 가면 마음이 평안해지는 것이 바로 '바이오필리아'에서 주장하는 유전인자 때문이라는 것이다. 반면 우리 인간이 오랫동안 숲 생활을 하면서 어떤 숲의 요인이 생존을 위협했기 때문에 유전적으로 두려움을 갖고 있다는 것이 '바이오포비아' 가설이다. 예를 들면 우리 인간은 태생적으로 뱀을 무서워하거나 징그러워하고, 절벽에 서면 아찔한 공포를 느끼며, 천둥 번개에 놀라는 이유가 바로 '바이오포비아' 때문이다.

산림욕의 효과는?

우리 인간은 숲에서 태어나 숲에서 살아왔고, 현재까지도 숲 생활에 알맞은 몸과 마음의 유전 설계도를 지니고 있다. 다시 말하자면 숲과 우리의 몸과 마음은 코드가 일치한다. 그런데 현재 우리가 생활하는 환경은 어떠한가? 극도로 발달한 산업사회에 살고 있는 우리는 유전 설계와 전혀 맞지 않는 인공적인 환경 속에서 살아가고 있다. 따라서 우리의 몸과 마음은 늘 환경과 코드가 맞지 않은 상태인 채로 일상을 살아가고 있다.

미국의 환경심리학자인 캐플란(Kaplan)은 'Attention Restorative Theory(집중회복이론)'이란 학설로 이 현상을 설명하고 있다. 이 이론에 의하면 현대인들의 일상은 의식을 집중해서 활동해야 하는 생활의 연속이다. 직장에서의 예를 들어보자. 온 정신을 집중해서 일하지 않으면 실수를 하게 되고, 이 실수 때문에 업무 평가에 심각한 부정적 영향을 받는다. 심지어 치명적 업무상 실수는 그 직업을 그만두어야 할 상황으로까지 몰린다. 심지어 길을 걸을 때도 마찬가지다. 차가 오는지 살펴야 하고, 또 내

지갑을 노리는 소매치기는 없는지 살펴야 한다. 그러니 늘 긴장상태의 연속이다. 이런 긴장은 결국 몸과 마음의 피로를 누적시킨다.

이런 일상의 활동에서 비롯된 피로는 빨리 원기를 회복시켜야만 정신적 또는 육체적 건강을 유지할 수 있다. 캐플란은 원기를 회복시킬 수 있는 장소가 가져야 할 특징을 네 가지로 꼽았는데 ① 아름다움, ② 탈출감, ③ 적절한 면적, ④ 목적성이다. 이 네 가지의 특성이 가장 잘 나타나는 장소가 바로 숲이다. 따라서 숲이 스트레스와 원기 회복의 최적지이며, 이로 인해 숲은 현대인들에게 건강과 행복을 주는 장소라고 캐플란은 주장한다.

첫째, 아름다움은 자연스럽게 그 장소에 매료됨을 의미한다. 울창한 숲, 물과 나무가 어울린 자연 경관, 야생화 등은 그냥 우리들의 눈을 매료시킨다. 저절로 아름다움에 감탄을 하게 된다. 이러한 아름다움은 특별한 의식이나 노력 없이도 감상할 수 있는 기회를 주고 우리의 감성을 행복하게 해준다. 따라서 숲 경관의 아름다움은 우리 마음을 아늑하게 해주는 아름다움이다.

둘째, 탈출감이란 일상의 지루함, 또는 육체적 그리고 정신적 피로로부터 도망쳐 나온 느낌을 가져야 한다는 것이다. 숲에 가면 시도 때도 없이 울리는 전화벨 소리도 없고, 상사의 꾸지람도 없다. 모든 스트레스의 원인으로부터 멀리 떨어져 나와 피난처에 있는 느낌이 든다. 숲에 와 있으면 세상과 단절된 느낌을 갖고 나만의 세계가 구축된다. 나를 방해하는 아무런 요소도 없고 나만의 왕국에서 내가 주인됨을 느낀다.

셋째, 적절한 면적이란 어느 정도의 공간적 위치가 확보되어야만 일상에서 누적된 피로가 회복될 수 있는 조건이 된다는 것이다. 좁은 장소는 답답함을 주고 또 이는 다른 스트레스의 요인으로 작용할 수 있기 때문에 어느 정도 공간적 넓이감은 원기의 회복에 필요하다. 숲은 대개 공간적으로 넓은 면적을 차지하므로 원기의 회복에 적절한 장소이다.

마지막으로 목적성은 그 장소를 찾는 사람이 가지고 있는 목적에 부합해야 한다는 것이다. 다시 말해 그 지역에서 하고자 하는 활동을 할 수 있는 지역이어야 한다. 사람들은 산책을 하거나, 홀로 사색을 하기 위해 숲을 찾는다. 숲에서는 사람들이 가지고 있는 동기, 즉 활동의 목적이 달성되기 때문에 원기 회복의 장소로 적합하다.

이런 숲의 특성을 잘 활용하면 일상에서 우리가 받은 스트레스를 효율적으로 해소할 수 있다. 우리는 스트레스를 받지 않고 살아갈 수 없다. 아마 숲속에서 살았던 우리 조상들도 마찬가지였을 것이다. 인간이 살아가는 한 어떠한 스트레스는 겪게 마련이다. 문제는 받은 스트레스를 어떻게 잘 해소하고 극복하느냐에 달려있다. 그런 면에서 숲은 우리가 일상에서 받은 스트레스를 즉시 효과적으로 해소시키는 참 중요한 안식처이다.

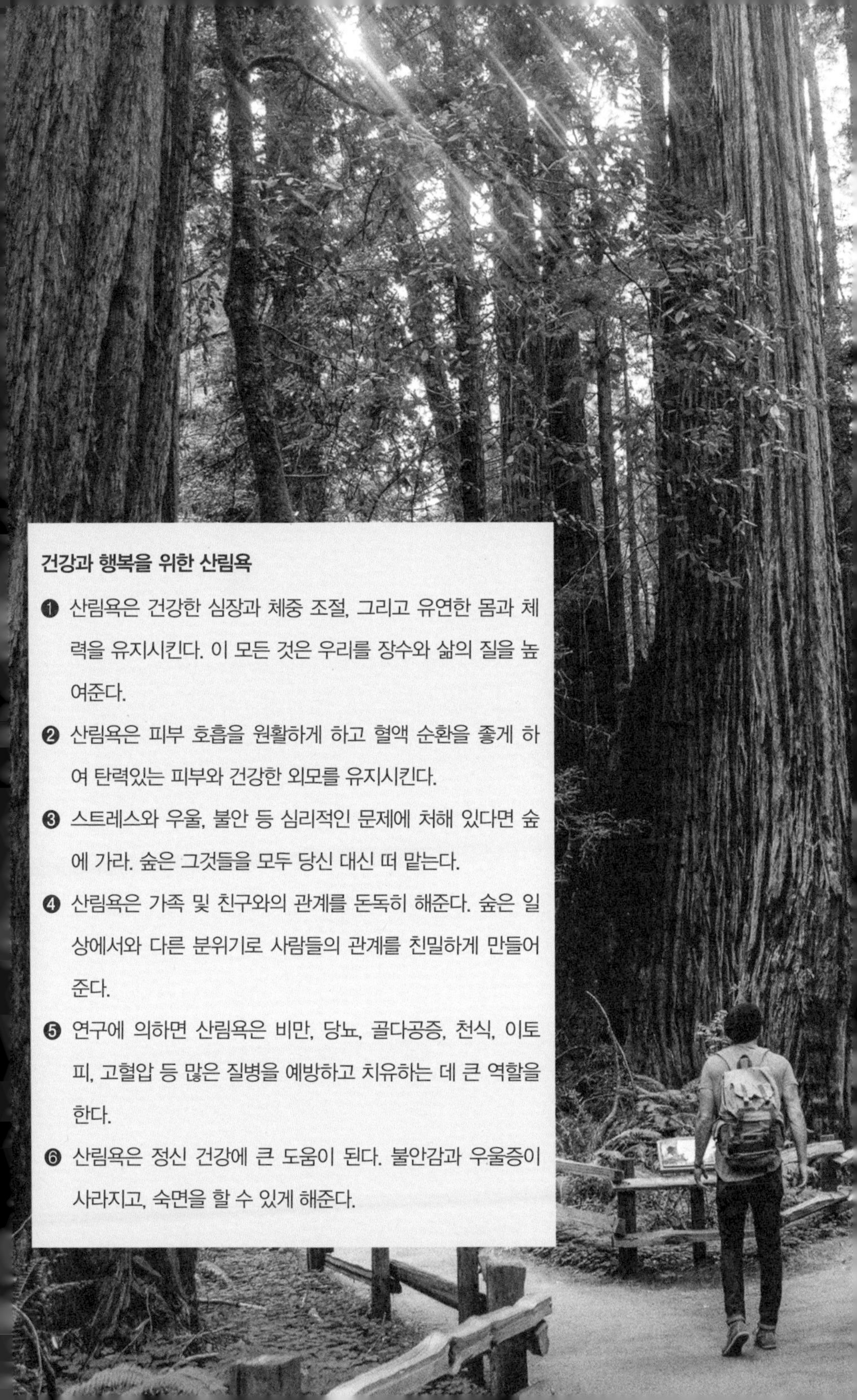

건강과 행복을 위한 산림욕

❶ 산림욕은 건강한 심장과 체중 조절, 그리고 유연한 몸과 체력을 유지시킨다. 이 모든 것은 우리를 장수와 삶의 질을 높여준다.

❷ 산림욕은 피부 호흡을 원활하게 하고 혈액 순환을 좋게 하여 탄력있는 피부와 건강한 외모를 유지시킨다.

❸ 스트레스와 우울, 불안 등 심리적인 문제에 처해 있다면 숲에 가라. 숲은 그것들을 모두 당신 대신 떠 맡는다.

❹ 산림욕은 가족 및 친구와의 관계를 돈독히 해준다. 숲은 일상에서와 다른 분위기로 사람들의 관계를 친밀하게 만들어 준다.

❺ 연구에 의하면 산림욕은 비만, 당뇨, 골다공증, 천식, 이토피, 고혈압 등 많은 질병을 예방하고 치유하는 데 큰 역할을 한다.

❻ 산림욕은 정신 건강에 큰 도움이 된다. 불안감과 우울증이 사라지고, 숙면을 할 수 있게 해준다.

숲은 면역력을 길러 건강하게 한다

숲은 가장 효과적인 운동 장소이며, 여가활동의 장인 동시에 건강증진소이다. 숲에 가서 활동하는 데 특별한 기술이나 장비, 그리고 그다지 큰 노력이 필요하지 않다. 어린아이부터 노인들에 이르기까지 걸을 수만 있다면 누구나 숲에 가서 산림욕을 할 수 있다.

또한 산림욕은 시간의 구애 없이 아무 때건 사정이 허락하는 대로 숲으로 가면 된다. 주변의 숲에 가보라. 이른 새벽에서부터 밤늦게까지 많은 사람들이 숲을 걷는다. 날씨에도 크게 제약을 받지 않는다. 흐리거나 심지어는 비나 눈이 와도 상관없다.

숲은 우리 주변에 어디에든 있다. 아무리 도심에 살고 있더라도 하루에 20~30분 정도만 투자하면 공원이든 뒷산이든 숲을 접할 수 있다. 산림욕에 필요한 건 단지 편한 신발과 옷차림, 그리고 숲에 가고자 하는 마음만 있으면 언제 어디서나 가능하다.

면역력 세포인 NK세포가 산림욕에 의해 활성화 된다

숲의 이용 또는 산림욕이 건강에 좋다는 사실은 널리 알려져 있다. 숲은 건강한 사람을 더욱 건강하게 해 주고, 질병을 치유하게 한다. 비록 이런 숲의 치유기능이 최근에서야 과학적인 관심을 끌게 되었지만 숲의 건강적 이용은 동서고금을 막론하고 그 역사가 오래되었다. 현대 의학의 아버지라 불리는 히포크라테스는 "인체의 자연 치유력 또는 면역력을 키워주는 것이 의학의 기본"이라고 하였다. 숲의 건강기능은 바로 우리의 면역력을 키워 질병을 예방하게 함은 물론 환자의 질병을 치유케 한다. 일본에서 발표된 자료뿐만 아니라, 우리 연구팀이 수행한 실험에 의하면 대표적인 면역력 세포인 NK세포가 산림욕에 의해 활성화가 증가된다는 것을 확인할 수 있었다. 일본 동경의대 Li교수팀(2008)[2]은 2박 3일간의 산림욕 효과를 조사한 연구논문에서 숲과 함께한 날수가 늘어남에 따라 NK세포의 수와 활성도가 증가하였음을 보고하였다. 산림욕 체험이 끝나고 집으로 돌아간 후에도 이런 효과는 지속되어 30일이 지난 후에야 원래의 수준으로 되돌아왔다고 연구는 밝히고 있다. NK세포는 암을 억제하고 또 암세포를 죽이는 역할을 해주므로 숲은 암으로부터도 우리의 건강을 지켜준다.

현대인의 생활 기반인 도시는 수없이 많은 건강의 위협요인으로 가득 차 있다. 환경 오염은 물론이요, 소음, 인공적인 화려함, 불빛 등은 우리가 가졌던 오감을 둔화시켜 질병에 노출시킨다. 또한 현대인들이 겪는 심

2. Li, Q., Morimoto, K., Kobayashi, M., Inagaki, H., Katsumata, M., Hirata, Y. Hirata, K., Suzuki, H., Lee, Y.J. and Wakayama, Y. 2008. Visiting forest increase human natural killer activity and expression of anti-cancer proteins. Int. J. Immunopathol. Pharmacol. 21: 117-127

산림욕과 NK세포의 활성화를 조사하기 위한 실험 사진

각한 스트레스는 각종 정신적/육체적 질병의 원인이 되게 한다. 숲은 우리를 환경오염으로부터 구해내고 도시생활에서 무디어진 감각을 되살려 건강을 되찾게 해 준다. 또한 숲이 가진 중요한 건강의 기능은 우리가 겪는 스트레스를 완충시키고 완화해주는 역할이다. 숲은 마치 위험이 가득 찬 전쟁터에서의 대피소와 같은 역할을 수행한다.

숲의 건강 기능은 다양하고 복잡한 요인에 의해 수행되지만 크게 숲이 가진 건강물질, 숲이 주는 운동 효과, 그리고 숲의 심리적 효과가 우리를 건강하게 해준다. 숲에는 깨끗하고 풍부한 산소, 음이온, 피톤치드, 오감을 자극하는 요소들과 같이 수없이 많은 건강에 도움을 주는 물질이 있다. 또한 사람들은 숲에서 자연스럽게 몸을 움직여 운동을 한다. 숲길을 따라 걷는 산림욕과 산책은 때론 숨차게 하는 유산소운동의 효과를 주고, 팔과 다리를 크게 움직이는 평지 길은 유연성을 길러주는 운동 효과를 준다. 전망이 확 트인 숲의 고갯마루에서 힘껏 들이마시는 공기는 도시의 오염

물질에 찌들던 우리의 폐를 깨끗이 씻어준다. 또 한 가지, 숲이 주는 건강 요소는 심리적 효과이다. 오늘날 현대인들이 받는 스트레스는 말할 수 없이 크다. 세계 각국 국민이 받는 스트레스 수준을 보도한 AP통신에 따르면, 우리나라 국민 5명 가운데 4명이 스트레스를 받고 있는 것으로 조사됐다고 한다. 그 가운데 매일 스트레스를 경험하는 사람이 81%에 달해 미국, 프랑스 등 조사에 참여한 10개국 가운데 가장 높은 수치를 기록했다고 보도했다. 또한 스트레스의 원인으로 가장 크게 꼽히는 것이 직장이라고 한다. 이러한 높은 스트레스 지수는 한창 왕성하게 일해야 할 40~50대 돌연사가 가장 많은 나라로 만들고 있다. 스트레스를 받지 않을 수 없지만 받은 과도한 스트레스를 해소하지 못하면 육체적, 정신적 질병과 연결된다. 많은 연구들에 의하면 숲은 우리가 받는 스트레스의 완충 역할을 할 뿐 아니라 받은 스트레스를 빨리 회복시켜 준다고 한다. 최근의 한 연구에 의하면 직장인들이 사무실 창으로 숲을 보며 근무하는 것만으로도 직무 스트레스가 낮아지고 직무 만족이 높아진다고 보고하고 있다.

면역력을 높여주는 숲

면역체계란 질병, 특히 감염성 질병으로부터 우리 몸을 보호하는 체계를 말한다. 즉, 우리 몸에는 면역기능이 있어서 병원균이 침입하여도 몸 자체에서 그 병원균을 퇴치시켜 질병에 걸리지 않고 일상생활을 할 수 있다. 우리도 모르는 사이에 면역기능에 의하여 병원균이 침입할 수도 없게 되기도 하고, 일시적으로 질병이 생기다가도 곧 완전히 회복되기도 하며, 자신도 모르는 사이에 질병에 대하여 저항성을 얻게 되기도 한다. 우리 몸의 피부, 점막과 다양한 단백질, 효소 및 세포들 모두 우리 몸이 외부로부터 침입하는 질병에 대항하여 무찌르게 해주는 역할을 한다. NK(natural killer)세포도 이들 방어체제의 일원이다. 혈액 내 백혈구의 일종으로 자연살해 세포로 불린다. 주로 골수에서 만들어져 암세포를 직접 파괴시키는 면역세포이자, 인체가 원래부터 가지고 있는 세포이기도 하다. 이 NK세포의 활성과 스트레스와는 밀접한 관련이 있는 것으로 알려져 있다. 따라서 숲에서의 산림욕은 우리의 몸과 마음의 스트레스를 해소시킬 뿐만 아니라 숲의 건강 물질이 우리 몸의 신진대사를 활성화시켜 NK세포를 활성화시킨다.

과연 산림욕이 NK세포를 활성화시키는지 우리 연구팀은 'SBS 스페셜' 프로그램 제작팀과 실험을 수행하였다. 서울의 증권관련 회사에 근무하는 30~40대 직장인 네 명을 대상으로 2박 3일 간 숲에서 산림욕이 주는 면역력 증가를 조사하였다. 우선 숲으로 가기 전 서울에서 채혈을 하고, 2박 3일의 숲 체험이 끝난 후 집으로 돌아오기 전 채혈을 하여 NK세포 수의 변화, 스트레스 호르몬인 코티솔 변화, 그리고 우울 및 불안감 상태를 비교하였다. 결과는 다음의 그래프가 보여주는 대로 NK세포 수는 증가했고, 스트레스 호르몬인 코티솔의 양은 감소했으며, 심리적 상태인 우울감과 불안감도 현저히 감소하였다.

표1 – 산림욕 후 신체변화
9.4
8.2
7.7
6.8
5.7
5.4
4.5
A
B
C
D
산림욕 후 스트레스 호르몬(코티솔)의 변화(μg/dL)
17.7
15.2
12.5
12
9.3
9.9
8.5
6.8
산림욕 후 면역세포(NK) 변화(%)
16
5
4
3
1
0
산림욕 후 우울증(BDI) 변화
48
42
39
35
31
28
21
산림욕 후 일시적인 불안감(STAI–S) 변화

숲이 우리에게 주는 이로움

나이가 들면서 우리의 몸은 늙는다. '늙는다는 것', 즉 노화는 신체의 기능이 떨어진다는 의미이다. 그러나 반갑게도 우리가 열심히 운동을 하고 젊음을 지키려고 노력하면 나이에 따라 자연히 노화되는 기능을 50% 정도나 방지할 수 있다고 연구들은 밝히고 있다. 즉, 우리가 운동화나 등산화를 신고 매일 산림욕을 한다면 나이가 들어감으로써 오는 노화를 반이나 줄일 수 있다는 말이 된다.

미국에서 발표된 연구결과를 보자. American College of Sports and Medicine에서 발행하는 'Fit Society'가 65세 이상 노인을 대상으로 조사한 보고에서 꾸준한 산림욕과 같은 운동은 다음과 같은 노화방지에 탁월한 효과를 준다고 한다.

- 기분을 상승시키고 육체적 복리(well-being)을 준다.
- 심장과 폐의 기능을 향상시켜 준다.

- 질병에 걸릴 확률을 줄여준다.
- 우울과 불안감을 감소시켜 준다.
- 노화의 과정을 더디게 해준다.
- 근력을 높여준다.
- 뼈를 튼튼하게 하여 골다공증의 위험을 줄여준다.
- 유연성을 길러주어 낙상을 방지한다.

또 다른 연구에서도 비슷한 결과를 보고하고 있다. 즉, 산림욕과 같은 운동은 면역체계를 강화하고, 숙면을 도우며, 지방을 연소시키고, 성생활을 개선해주며, 심장 질환, 뇌졸중, 고혈압, 치매, 관절염, 당뇨병, 콜레스테롤과 우울증 예방에 큰 효과를 가져와서 젊게 사는 삶을 향한 길잡이가 된다고 밝히고 있다.

효과1 – 심장 질환을 예방한다

통계에 의하면 우리나라에서 매 시간마다 심장 관련 질환으로 사망하는 사람의 수는 2~3명에 이른다. 심장 질환은 암과 뇌혈관 질환에 이어 우리나라 국민의 세 번째 사망원인이다. 이렇게 심각한 심장 질환의 원인은 무엇일까? 심장 질환에 관련된 연구들의 한결같은 결론은 많이 먹고 몸을 움직이지 않는 것, 다시 말해서 운동부족이라고 지적한다. 그래서 운동을 하지 않는 사람은 꾸준한 운동을 하는 사람에 비해 심장 질환에 걸릴 확률이 두 배나 높다고 한다. 또 한가지 심장병의 중요한 요인은 콜레스테롤이다. 의학자들의 주장에 의하면 콜레스테롤 수치가 1mg이 올라갈 때마다 심장병의 발생률도 2~3퍼센트 올라간다고 한다. 최근 우리나라의 경향을 보면 국민들의 콜레스테롤 수치가 10년에 10mg씩 증가한다고 하니 심장병의 발생이 10년에 20~30%나 높아지는 셈이다.

숲에서의 운동, 즉 산림욕이 심장 질환 발병률을 줄이고 심장 질환의 치료에도 도움이 된다는 연구 보고가 국제심장학회에서 발표되었다. 산림욕에 참여한 사람들의 혈액을 체취해 분석한 결과 혈중 콜레스테롤과 혈지방, 그리고 혈당의 감소가 뚜렷했다고 한다. 산림욕은 이미 심장 질환을 가지고 있거나 심장 마비를 경험한 사람들의 건강 회복에도 좋다는 보고도 있다.

효과2 – 뼈를 튼튼하게 한다

골다공증은 칼슘량의 부족에서 오는데, 특히 갱년기 이후 여성들에게 심각하다. 여성의 골다공증 위험률은 남성보다 10배나 높다는 게 전문가들의 견해이다. 일반적으로 골밀도는 20대 후반에서 30대까지 최고 수준을 유지하다가 40대 이후엔 급격히 감소한다. 따라서 튼튼한 뼈를 지키기 위해서는 칼슘을 충분히 공급해 주고 또 운동을 통해 뼈의 손실을 방지하여야 한다. 산림욕은 두 가지 측면에서 골밀도를 유지시키고 뼈를 튼튼히 하는데 도움을 준다. 첫째, 숲속 활동은 지속적인 운동 효과를 줌으로써 뼈의 건강을 지켜준다. 잘 알려진 것처럼 운동은 뼈의 성장과 골밀도를 약 10~20퍼센트 정도 향상시킨다고 한다. 또한 숲의 활동은 자연스럽게 피부가 햇볕을 쬐도록 하여 천연 비타민D의 생성을 돕게 한다. 이 비타민D는 칼슘을 효과적으로 우리 몸에 흡수시켜 뼈를 튼튼하게 하

숲이 주는 이로움
– 심장 질환을 예방한다
– 뼈를 튼튼하게 한다
– 감기 및 독감의 예방에도 좋다
– 스트레스를 해소하고 즐거운 무드를 갖게 한다
– 비만을 방지해준다
– 정신 및 심리적 건강에 도움이 된다
– 사회성을 높여준다

는 역할을 한다.

효과3 – 스트레스를 해소하고 즐거운 무드를 갖게 한다

스트레스는 오늘날 공공의 적이다. 현대인들은 직장이나 학교는 물론 집에서까지도 스트레스에 시달린다. 스트레스를 안 받을 수는 없지만 과도한 스트레스는 즉시 해소하지 않으면 정신적, 육체적 질병의 원인이 된다. 숲은 사람들로 하여금 스트레스로부터 탈출감을 주고, 심리적인 회복감을 가져다 주기 때문에 건강과 행복을 지켜준다. 미국 미시건대학의 환경심리학자 캐플란은 현대인이 받은 스트레스를 해소시키는 장소의 특징을 네 가지로 꼽았는 데 첫째, 일상으로부터 탈출감을 주는 곳일 것 둘째, 아름다운 곳일 것 셋째, 자기만의 공간이 확보될 수 있는 넓이를 가진 장소일 것 그리고 마지막으로 자신이 원하는 활동을 할 수 있는 장소라는 것이다. 캐플란은 이 네 가지 특성에 가장 적합한 장소가 숲이라고 주장한다.

숲이 스트레스를 해소시킨다는 과학적 증거는 수없이 많다. 충북대학교 산림치유연구실이 조사한 도시와 숲에서의 느끼는 스트레스 변화 결과에 따르면 숲에서 사람들이 느끼는 심리적 안정감이 훨씬 높았고, 스트레스를 받으면 체내에 분비되는 호르몬인 코티솔의 농도가 훨씬 낮았다. 숲은 또한 긍정적인 무드를 만들어내는 공장이다. 숲이 주는 무드는 사람들의 정신적 또는 감성적 변화의 요인이라고 볼 수 있다. 무드는 사람의 인식과 행동에 심각한 영향을 끼친다는 것이 심리학자들의 견해이다. 자신이 어떤 상태의 무드에 있느냐에 따라 주위의 자극을 받아들이는데 큰 역할을 하고 긍정적인 무드는 높은 자존감과 관계가 있다고 한다.

효과4 – 감기 및 독감의 예방에도 좋다

산림욕이 건강에 좋은 이유는 면역체계를 활성화시켜 질병을 예방시키는 데 있다. 면역력의 증가는 암과 같은 큰 병의 예방에도 도움이 되지만 일상적인 감기나 독감 같은 비교적 자주 우리를 괴롭히는 병의 예방에도 효과적이다. 미국 아파라치안 대학의 니만 교수는 매일 꾸준하게 30분 정도의 산림욕과 같은 가벼운 운동을 하면 감기나 독감 등의 예방에 탁월한 효과를 준다고 주장한다. 니만 교수는 30~40대 여성들을 대상으로 운동을 전혀 안 하는 집단과 45분 정도의 숲 산책을 일주일에 5회 한 집단을 대상으로 감기와 같은 일반적 질병의 감염률을 조사하였다. 15주 후 두 집단을 비교한 결과 산림욕 집단은 운동을 하지 않은 집단에 비해 약 절반 정도 감기나 독감에 걸린 일수가 적었다고 발표하였다.

효과5 – 비만을 방지해준다

비만과 과체중은 건강에 치명적일뿐 아니라 자신감과 자존감을 상실시킨다. 산림욕만큼 과체중을 줄이고 몸매를 유지시켜 주는데 좋은 운동은 없다. 하루에 다만 30분씩이라도 꾸준히 숲에 가보라. 몇 달만 지나고 아랫배의 살집이 빠지고 몸이 가뿐한 느낌을 받을 것이다. 다이어트를 통해 체중을 줄이면 그 효과는 빠르지만 다시 원래의 체중으로 돌아올 가능성이 크다. 미국 텍사스 대학에서 조사한 연구 결과에 의하면 다이어트를 통해 체중을 조절한 사람들은 2년 후 원래의 체중으로 돌아왔지만, 산림욕과 같은 걷기를 통해 체중을 조절한 사람들은 그대로 유지하였다는 보고가 있다.

효과6 – 정신 및 심리적 건강에 도움이 된다

우울, 불안 등은 현대인들이 겪고 있는 일반적인 정신질환이다. 최근의 통계에 따르면 우울증으로 인한 사회경제적 비용은 자살 방지 비용 등 간접비용이 1조 8,550억원, 의료비 등 직접비용이 1,603억원으로 매년 2조가 넘는 것으로 추산된다. 현대인들의 정신 및 심리질환은 자신에 대한 정체성 상실이 가장 큰 원인이다. 오늘날의 사회는 내가 누구인지, 또 어떻게 살아가야 하는지를 생각하고 자신에 대한 삶의 목표와 정체성을 살필 여유가 없다.

숲은 자기를 돌아보고 자아를 찾을 수 있는 특별한 장소이다. 일상에서는 그러한 여유를 찾을 수가 없다. 현대인들은 일상생활에서 거의 모든 일을 수동적으로 수행한다. 기한 내에 일을 마쳐야 하고, 규칙과 약속에 따라 행동하고 지켜야 한다. 일상에서의 행동은 대부분 방어행동이다. 그러나 숲에서는 다르다. 자신의 능력과 여건에 따라서 능동적으로 결정할 수 있다. 자신의 육체적 능력과 선호에 따라 숲길을 선택하고, 힘들면 쉬기도 한다. 숲에서의 행동은 자신의 잠재성을 표출시킨다. 숲이 주는 이러한 행동을 대응행동이라 한다. 심리학자들에 의하면 이 대응행동이 사람들에게 성취감을 주고 스트레스를 격감시켜주며 심리적 건강을 가져다 준다. 숲은 이러한 대응행동을 유발시키는 최적의 장소이고 따라서 우리는 숲으로부터 심리적 이익을 얻는다. 숲 환경에서는 개인의 뚜렷한 감정과 모든 에너지와 주의를 한곳으로 집중시켜 줌으로써 새로운 환각을 경험시킨다.

효과7 – 사회성을 높여준다

숲은 마음의 벽을 허물고 솔직한 감정을 나누며 진솔한 대화가 이루어지는 곳이다. 많은 연구들이 주장하는 바에 따르면 숲의 활동이 친구 및 동료, 그리고 가족 간의 대화를 원활하게 하고 친밀한 유대를 강화시켜 준다고 밝히고 있다. 숲은 우리가 생활하는 일상의 환경과는 판이하게 다른 특성을 갖는다. 일상의 환경은 우리를 경직되고 방어적인 마음을 갖게 만드는 경우가 많다. 그래서 쉽게 자신의 속내를 터놓고 이야기하거나 고민을 털어놓지 못한다. 그러나 숲에서는 서로 쉽게 동화되고 감정의 공유가 자연스러워진다. 이러한 이유로 미국 시애틀에서 일하는 심리 상담사인 수잔 스코트는 환자와 사무실에서보다 숲을 거닐며 상담을 한다고 한다.

정기적이고 꾸준한 숲으로의 여행은 건강한 삶의 습관이며 실용적으로 삶의 질을 높여주는 활동이다. 매번 숲에 갔다 올 때마다 집에서 나갈 때보다 더 행복한 기분으로 돌아오게 됨을 느낀다. 복잡했던 머리는 깨끗해지고 마음의 스트레스는 풀린다. 그래서 산림욕은 건강한 중독이다.

왜, 숲은 우리에게 건강을 줄까?

사람들은 숲에 가면 마음의 평안함을 얻고 행복해진다. 물론 육체적인 건강과 생동감도 얻는다. 왜 사람들은 숲에서 건강하고 행복해질까? 숲이 가진 건강 기능을 한마디로 설명할 수는 없지만 지금까지 알려진 것을 간추려보면 다음과 같다.

우리 몸/마음과 코드가 맞는 숲

앞서 설명한 '사바나 이론'은 우리 인간의 몸과 마음이 숲 생활에 적합한 유전 설계를 가지고 있기 때문에 숲을 보거나 숲에 가면 몸과 마음이 편안해지고 지친 피로가 회복된다는 것이 핵심이다. 윌슨 교수의 '바이오필리아'도 같은 맥락의 주장을 이론화한 것이다.

최근 이 '사바나 원칙' 또는 '바이오필리아 가설'을 증명하는 실험적 연구들이 수행되고 있다. 예를 들어 미국 Texas A&M 대학의 울리히(Ulrich) 교수는 사람들이 숲을 대하였을 때 생리적인 반응이 도시에서와 어떻게

뇌파 측정 실험 모습. 숲은 심리적 안정감을 주어 편안할 때 나타나는 뇌파인 알파파의 발생을 증가시킨다.

다르게 변하는가를 조사함으로써 인간이 탄생이 숲에서 왔음을 증명하고 있다. 울리히 교수가 발표한 몇 가지 재미있는 연구 결과를 소개하면 다음과 같다.

실험실에서 학생들에게 교통체증이 심하게 일어나는 비디오를 보여주면서 그들의 생리적인 반응 몇 가지를 조사하였다. 혈압과 맥박이 정상 상태보다 올라가고 근육의 긴장이 높아졌다. 곧이어 숲의 아름다운 경관 비디오를 보여주었더니 비정상이었던 혈압과 맥박이 곧바로 정상으로 돌아왔고, 근육도 곧 이완되었다고 보고하고 있다.

충북대학교 산림치유연구실에서도 일본 치바 대학의 미야자키 교수팀과 같은 연구 방법으로 도시와 숲에서의 인체 반응을 조사하였는데, 일본과 우리나라 피험자 모두 숲에서 긴장이 완화되고 심리적으로 편안한 상태의 생리적 반응을 관찰할 수 있었다. 예를 들어 마음이 안정되고 편안할 때 나타나는 뇌파(알파파)의 양이 도시에 있을 때보다 숲에서 증가되었고, 타액 속의 코티솔 농도가 숲에서 훨씬 감소됨을 관찰할 수 있었다. 즉 도시에서의 긴장상태가 숲에 오면 완화되고 스트레스가 회복된다는 증거를 생리적으로 확인할 수 있는 결과였다.

사바나 원칙을 증명하는 최근의 재미있는 연구가 또 하나 있다. 우리가 접하는 환경의 종류에 따라 사람들의 선호도와 그 생리적 변화를 조사한 연구이다.[3] 이 연구에서는 예비 조사를 통해 사람들이 시각적으로 큰 영향을 받는 환경의 요소를 구분하고 이러한 특성에 맞는 사진을 통하여 피험자의 선호도와 생리적 변화를 관찰하였다. 그랬더니 예상했던 대로 도시의 환경이 가장 낮은 선호도와 생리적인 스트레스 반응(예를 들어 알파파의 양, 혈압, 맥박 등)을 보였고, 그 다음으로 숲의 환경이 선호되었으며, 숲과 물이 함께 있는 환경에서 사람들의 선호가 가장 높았고 가장 안정된 상태의 생리적 반응을 관찰할 수 있었다. 즉, 사바나 환경과 같은 특성(숲과 물이 어울린 자연 환경)에서 사람들은 가장 편안하고 안정된 심리상태와 생리적 반응을 보임으로써 우리의 유전 설계가 아직도 사바나 숲 환경에 적합하게 유지하고 있다는 것을 알려주는 알려주고 있다.

이러한 실험 결과에서와 같이 도시 생활은 긴장의 연속으로 스트레스가 누적된다. 스트레스란 우리 몸에 전쟁 선포를 하는 것이나 마찬가지이다. 전투에 임하기 위해서 우리 몸은 긴장 상태를 유지하여야 하고 온 몸의 세

3. 이정희. 2009. 시각적… 충북대학교 석사학위 논문

포에 혈액과 산소를 빨리 공급하기 위해 맥박과 혈압이 올라가고 숨이 가빠지기 시작한다. 전쟁 준비 때문에 허술한 면역체계를 강화하기 위해 염증을 방지하는 호르몬인 코티솔의 체내 농도를 높인다. 이것이 바로 기본적인 스트레스 상태에 있는 우리 몸의 생리적 변화이다. 도시에서의 이런 몸 상태가 상태가 숲에 가면 몸과 마음이 이완되고 편안해짐으로써 안정된 상태의 생리 변화로 전환된다. 이러한 생리적 변화가 바로 우리에게 심리적, 육체적 건강과 복리를 가져다준다는 것이 바로 사바나 원칙이 주장하는 숲의 건강 효과이다.

건강에 도움을 주는 보약이 가득 찬 숲

숲에는 건강에 도움이 되는 수없이 많은 물질과 환경이 있다. 물론 숲의 건강 요소들이 모두 밝혀지거나 이들의 효과가 규명되지는 않았지만, 지금까지 알려진 것들을 살펴보면 다음과 같다.

숲의 나무와 풀, 그리고 아름다운 경관

숲의 녹색은 우리의 몸과 마음을 안정되게 한다. 환경심리학자인 미시건 대학의 캐플란 교수는 숲이 주는 쾌적감, 순수한 자연물, 오감을 자극하는 숲의 요소와 같은 것이 우리의 몸과 마음을 안정시키는 요소라고 설명한다. 숲의 아름다움 역시 인공의 미와는 달리 우리 시각을 사로잡는다. 아무리 훌륭한 화가라도 숲이 그려내는 경관을 따라갈 수 없다. 안개 낀 숲, 햇살이 파고드는 숲, 저녁노을에 물드는 숲…. 어느 때이건 숲의 경치는 우리를 감탄케 한다. 숲속에 있는 나무 한 그루, 야생화 한 포기 역시도 우리의 호기심을 자아낸다. 이 모든 것이 우리가 살고 있는 인공의 환경과는 다른 분위기를 연출하고 전혀 다른 아름다움을 선물한다.

숲, 나무, 그리고 녹지와 같은 자연의 존재가 우리의 심리적, 육체적 복리에 영향을 준다는 사실은 많은 연구를 통해 밝혀져 있다. 몇 년전 미국의 Rutgers 대학에서 수행된 연구에 의하면 침대 옆이나 창밖에 나무와 꽃의 존재가 사람들의 행복한 감정과 생의 만족감을 높여주고, 사회적 행동을 긍정적으로 하게 한다고 한다. 서울의 직장인을 대상으로 한 연구에서도 숲의 존재가 심리적 안정과 만족감에 큰 영향을 준다고 보고하고 있다. 충북대학교와 국립산림과학원이 공동으로 서울의 직장인 1,000여명을 대상으로 조사했더니, 사무실 창으로 숲이 보이는 직장인의 직무 스트레스가 그렇지 않은 직장인들보다 훨씬 낮았고, 반대로 직무 만족은 훨씬 높았다고 한다. 숲이야 말로 직장인들에겐 최대의 복지인 셈이다.

숲속의 자연 살균제 피톤치드

'피톤치드(phytoncide)'는 '식물'이라는 뜻의 'phyton'과 '죽이다'라는 뜻의 'cide'가 합쳐진 말이다. 피톤치드란 식물이 내뿜는 자기 방어물질이다. 따라서 식물이 상처를 입거나 해충으로부터 공격을 받으면 더욱 강렬하게 이 피톤치드를 뿜어낸다. 피톤치드가 우리의 건강에 좋다는 사실은 오래전부터 알려져 왔다. 1950년대 레닌그라드 대학의 토킨 박사는 실험을 통하여 피톤치드가 구균이나 디프테리아 등의 균에 탁월한 효능이 있다는 발표를 하였다. 이후 피톤치드의 효능에 관한 실험 연구는 꾸준히 수행되어왔다. 예를 들어 충북대학교 수의대학에서 수행한 동물실험에서 전기 자극을 받은 쥐에게 피톤치드를 주입하였더니 쥐의 혈액 속에 스트레스 호르몬인 코티솔 농도가 20~53퍼센트까지 낮아졌다고 한다. 또한 피톤치드의 살균효과를 입증하는 여러 실험도 수행되어 식중독과 수막염을 일으키는 리스테리아균, 화농의 원인인 황색포도상구균, 폐렴을 일으키는 레지오넬라균, 가려움증의 원인인 캔디다균 등의 살균효과가 있다고 밝히고 있다.

숲의 보양, 음이온

이온이란 전기를 띤 미립자, 즉 원자나 분자를 말하는데 공기 중에는 양이온과 음이온이 모두 떠다닌다. 공기 속의 이온 중에 전자를 받아들인 원자나 분자는 음이온이며 반대로 전자를 빼앗긴 것은 양이온이다. 숲에는 도심에서보다 음이온의 양이 훨씬 많다. 숲속의 폭포나 개울에서 음이온이 생성되고, 식물의 광합성작용 과정에서도 생성되기 때문이다. 숲에 음이온이 많은 이유는 또 있다. 전자를 지닌 음이온은 생성되었어도 먼지나 오염 등에 의해 쉽게 전자를 잃어 양이온으로 변한다. 그러나 숲에는 오염이 적고 청정하기 때문에 만들어진 음이온이 잘 보전되고 있기 때문이다.

음이온의 효과를 긍정적으로 보는 학자들은 음이온이 피를 맑게 하고, 피로를 풀어주며, 집중력을 높이는 효과가 있다고 주장한다. 또한 인체의 면역 성분인 글로불린(globulin) 양을 증가시켜 면역을 높이는데도 탁월하다고 한다.

숲속의 산소

숲은 잘 알고 있듯이 거대한 산소공장이다. 평균적으로 숲 1ha에서 1년

숲에는 도심에서보다 음이온의 양이 훨씬 많다.
숲속의 폭포나 개울에서 음이온이 생성되고,
식물의 광합성작용 과정에서도 생성되기 때문이다.

간 16톤의 이산화탄소를 흡수하고 12톤의 산소를 만들어낸다. 45명이 일년간 숨 쉬는 양이다. 숲은 산소의 양도 풍부할뿐더러 공기의 질도 우리가 살고 있는 도시의 것과 아주 다르다. 숲속의 청정한 산소는 우리가 운동을 해도 피로감을 느끼지 않게 해준다. 운동을 할 때 우리 몸이 요구하는 산소량은 평소의 5~10배 정도이며, 풍부한 산소는 운동할 때 근육에 있는 젖산의 산화, 분해하므로 피로가 덜하고 활력을 준다.

산소는 우리 몸에서 대사 작용을 활발하게 하여 노폐물을 잘 배설시킨다. 산소의 부족은 체내에 노폐물을 쌓이게 하고 이것이 암을 유발하는 원인이 되기도 한다는 것이 생리학자들의 주장이므로 결국 풍부한 산소의 호흡은 암의 예방에도 도움을 준다.

최고의 운동 효과를 주는 숲

생활습관병 또는 성인병이라 불리는 비만, 당뇨, 고혈압, 심장병과 같은 질병은 생활습관의 잘못으로 생기거나 악화되는 병들이다. 다시 말하면, 너무 많이 먹고 움직이지 않아 생기는 병이다. 그러므로 이러한 병들의 예방과 치료를 위해서는 무엇보다 생활습관을 바꾸어야 하는 것이 가장 중요하다. 즉, 건강한 음식을 먹고 운동을 꾸준히 하는 것이 최고의 방법이다.

우리의 조상들이 사바나에서 살았을 때는 생존을 위해 끊임없이 몸을 움직여야 했다. 수렵과 채취는 몸을 움직여야 가능했고, 한때의 먹을거리가 해결되면 또 다시 움직여서 배를 채워야 생존이 가능했다. 오늘날 우리의 몸과 마음은 이러한 수렵과 채취에 알맞은 설계도에 맞추어져 있지만 현대 생활환경은 움직이지 않아도 살아가게끔 되어있다. 수없이 많은 기름진 음식, 대용량의 냉장고, 인스턴트 식품들…. 이 모든 환경이 우리 몸의 설계도와는 반대로 생활하게끔 하는 요인들이다. 그래서 생활습관병은 더욱 증가하는 추세이다.

누구나 운동이 몸과 마음의 건강에 좋고 삶의 질을 향상시켜 준다는 것을 알지만 여러 가지 원인 때문에 실천하지 못한다. 현대 생활이 바빠서도 그렇고 또 억지로 하는 운동은 바로 싫증이 나기 때문에 지속할 수 없다. 자, 여기서 운동이 왜 우리 몸과 마음의 건강에 좋은지 살펴보자.

우리 몸은 살, 힘줄과 지방 그리고 다른 여러 부위로 구성되어 있다. 이를 구성하는 세포는 시간이 지남에 따라 노화되고 사멸되어 계속 새로이 만들어진다. 따라서 엄밀히 말하면 지난달의 내 몸은 사실 그때의 몸이 아니다. 생물학적으로 보면 우리 몸의 근육은 일 년에 3번씩 새롭게 갱신된다고 한다. 이러한 과정은 수동적인 것이 아니라 예정된 수명에 맞추어 해당 부위를 스스로 파괴시키고 새것으로 바꾸어 준다.

우리 인체가 수명이 다된 세포를 파괴시키는 것은 매우 중요하다. 즉, 성장을 위해서는 미리 파괴가 이루어져야 하기 때문이다. 마치 과수원에서 봄에 나무의 성장을 더 활력 있게 하기 위해 겨울에 사과나무를 전지하듯이 말이다. 물론 당연히 파괴보다는 성장이 더 중요하다. 바로 운동은 그런 역할을 한다. 다시 말해 운동은 근육을 통해 성장의 화학신호를 우리 몸에 내보내는 것이다. 운동이 우리 몸에 지방과 포도당의 연소를 일으키고 이 연소는 곧 우리 몸에 성장 신호를 보내는 것이다.

전문가들에 의하면 최고의 운동은 누구나 쉽게 흥미를 가지고 꾸준히 참여할 수 있어야 한다고 한다. 그렇게 본다면 산림욕이야말로 최고의 운동이 될 수 있다. 누구나 아무 때건, 그리고 어디에서나 가능하기 때문이다. 다시 말하면 산림욕의 습관은 건강하고 행복한 삶의 보증수표이다.

숲의 건강 메커니즘을 살펴보자. 숲은 몸을 움직여야 하는 곳이다 오르막도 있고 내리막도 있다. 때론 뛰어 건너야 할 개울도 있고, 몸의 균형을 유지해야 할 돌다리도 건너야 한다. 산책과 같은 걷기 운동도 있고 오르막에서는 땀을 흘리며 숨이 차는 유산소 운동도 필요하다. 걷기와 같은 가벼운 운동은 우리 몸의 지방을 에너지원으로 사용하여 소비한다. 따라서 비만을 방지하기 위해서는 장기간 걷는 운동을 하여 지방을 소모시키는 편이 훨씬 유리하다. 또한 걷기와 같은 길고 느린 운동은 근육을 형성하고 심장과 혈액순환을 촉진시킨다. 그래서 심장병이나 고혈압 환자들에게는 평지의 숲길을 걷는 산림욕이 필요하다.

심박수가 최대치의 65% 이상 되도록 운동을 하기 위해서는 지방의 연소만 가지고는 부족하다. 그래서 빠르고 숨이 차오르는 운동을 해야 포도당을 연소시킨다. 숲에서 살던 우리 조상이 사냥감을 발견하고 전력 질주하던 상태로 돌입하는 것이다. 이처럼 오르막길을 오르는 것과 같은 고강도 운동은 우리 몸을 더욱 민첩하게 하고 강하게 만든다. 고강도 운동은 또한 뇌에 긍정적인 신호를 보낸다. 고도의 집중력, 흥분, 낙천적인 상태를 만들어준다. 마라톤에서는 이런 상태를 '러너스 하이(runner's high)'라고 부른다.

숲에서는 이러한 저강도의 운동과 고강도의 유산소 운동을 자연스럽게 할 수 있게 함으로써 최대의 운동 효과를 높여준다. 뿐만 아니라 숲에서의 운동은 아름다운 환경, 깨끗한 공기 등의 요인으로 흥미롭게 재미있게, 그

산림욕이야말로 최고의 운동이다. 누구나 아무 때건, 그리고 어디에서나 가능하다.

리고 덜 피로하게 몸을 만들면서 운동효과를 준다. 그래서 실내의 운동이 금방 지루하게 만들지만, 숲에서의 운동은 재미를 가지고 꾸준히 지속하게 만든다.

심리적/정신적 피난처와 회복처로서의 숲

현대인들이 받는 심리적, 정신적 스트레스는 가공할 만큼 중압감이 크다. 고도로 발달한 산업, 복잡한 도시, 세분화된 전문성 등 현대 사회의 특성은 더 큰 스트레스의 요인으로 작용한다. 우리의 생활을 둘러보면 얼마나 스트레스의 원인에 쌓여있는지 알 수 있다. 직장에서 일을 할 때, 정신을 집중해서 업무에 열중하지 않으면 큰 사무 착오를 일으키고 책임을 면키 어렵게 된다. 심지어는 직장을 그만 두어야 되는 극한 상황으로까지 몰릴 수 있다. 운전과 같은 일상생활에서도 마찬가지다. 정신을 집중하지 않으면 큰 사고의 원인이 된다. 가장 위안을 받고 편안함을 느껴야 할 집에서도 현대인들은 경제적인 문제, 자녀들의 교육문제 등으로 스트레스를 받고 있다. 이러한 스트레스는 바로 정신적, 육체적인 피로로 연결되어 업무의 능력이 떨어지고, 삶의 불만족 요인이 되며, 궁극적으로 질병의 원인으로 작용한다.

숲은 삶의 스트레스로 지친 현대인들의 안식처이다. 스트레스의 원상지인 일상으로부터 벗어나 숲에 들어오면 마치 커튼이 드리워지듯 탈출감을 맛보며, 스트레스가 차단된다. 이것이 숲이 주는 커튼효과이다. 숲에서는 창조적 고독을 맛볼 수 있고, 자신을 돌아볼 수 있는 시간을 갖는다. 베토벤도 숲을 거닐며 영감을 얻어 불후의 명작을 작곡했고, 니체도 숲에서 삶이란 무엇인가를 고민했다. 우리 모두 숲에서는 철학자가 되고 예술가적 잠재성을 일깨운다. 우리는 숲에서 떠오르는 일출을 보며 희망과 용기를 품고 삶의 목표를 세운다. 또한 석양에 물든 숲에서 과거를 돌아보고 자신을 반성하며 인생의 로드맵을 다시 그리기도 한다. 숲에서의 심리적, 정신적인 경험으로 우리는 성장한다. 이것이 숲이 주는 심리적 효과이다.

가식과 마음의 벽을 허물어 주는 숲

인간은 사회를 떠나 살 수 없기 때문에 사회적 행동과 배려가 삶의 기본으로 자리 잡는다. 이것이 소위 윤리이며 양식이다. 특히 현대 사회는 자신의 솔직한 감정을 표현할 기회를 잘 주지 않는다. 우리가 살고 있는 도시, 즉 인공적인 환경에서는 가면과 가식으로 자신의 감정을 숨겨야 할 때가 많다. 그래서 현대인들은 늘 고독하다. 누군가 나의 고민을 들어줄 사람도 없고 때론 군중 속의 고독이 걷잡을 수 없이 밀려온다. 이게 우리네 삶의 현주소이다.

숲은 이렇게 굳게 닫힌 우리 마음을 열게 해 주는 장소이다. 숲에서는 우리의 마음에 쌓인 벽이 무너지고 진솔한 감정이 솟아난다. 누가 시키지 않아도 숲에서는 서로에게 마음을 열고 도움의 손을 뻗는다. 비록 모르는 사람에게라도 마음을 열게 하는 마법이 숲에는 숨겨져 있다.

숲 치유 프로그램에서 참여자 간의 감정교류와 서로에 대한 이해는 치유에 중요한 역할을 수행한다. 나의 아픔을 남에게 드러내고 이해받는다는 것은 자기를 허물어 버리는 행위이다. 숲에서는 진솔한 마음으로 서로의 아픔을 나누고 감정을 교류할 수 있다. 서로를 이해하고 상대의 감정을 진솔하게 받아주는 과정에서 자신의 정체성과 자존감을 찾고, 마음의 상처는 치유된다.

치매 걱정 없게 만드는 숲

치매는 본인은 물론이고 가족이나 주변에게까지 심각한 영향을 주는 질병이다. 국내 여러 역학 조사들에 의하면 65세 이상 노인에서의 치매 유병률은 6.3~13%로 보고되었으며, 2017년 기준, 우리나라의 치매 환자 수는 약 72만 명으로 추산되고 있다. 치매 환자 수는 계속 증가 추세여서 2050년에는 300만 명에 이를 것으로 예상된다.

치매의 원인은 무엇일까? 전문가들에 의하면 치매는 내과, 신경과 및 정신과 질환 등 70~80가지 이상의 원인에 의해 야기되는 대표적인 신경정신과적 질환이라고 한다. 이중에서도 나이가 들면서 나타나는 치매의 원인으로 가장 중요시되는 것은 알츠하이머병이다. 알츠하이머는 미국의 레이건 전 대통령이 걸려 사망에 이르게 한 병으로 현재까지 원인적 치료가 불가능하다고 알려져 있다. 기억, 사고 및 행동에 장애를 초래하는 뇌의 기능이 퇴화되면서 일으키는 질병이다. 의학자들에 의하면 여러 연구를 통해서 뇌 기능을 활성화시킴으로써 알츠하이머병에 걸릴 확률을 줄일 수 있다는 것을 보고하고 있다.

산림욕이 치매의 예방과 치유에 효과적이라는 다음과 같은 연구도 있다. 산림청과 가톨릭대학교 서울성모병원과 손잡고 2010년 9월부터 경기도 양평에 소재한 '산음치유의 숲'에서 공동으로 시범운영한 산림치유 프로그램을 통해 숲에서의 활동이 치매를 예방하고 스트레스 관련 질환을

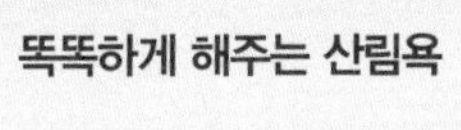

똑똑하게 해주는 산림욕

똑똑해지고 싶다면 산림욕을 하라. 필자와 동료 연구진 연구에 따르면 산림욕이 집중력과 인지능력을 높여준다고 한다. 점심시간 50분 정도의 시간을 내어 숲으로 둘러싸인 공원을 산책한 사람들과 도심의 도로에서 평상시와 같이 점심시간을 보낸 사람들을 대상으로 인지능력 테스트를 실시한 결과, 아주 흥미로운 사실을 발견하였다. 산림욕을 하고 난 후 사람들의 인지능력은 높아졌지만, 도심에서 점심시간을 보낸 사람들의 인지능력은 변하지 않은 것으로 조사되었다. 산림욕은 사람들의 정신과 육체를 이완시켜 뇌의 전두엽을 활성화시켜 집중력을 높여 주었기 때문이라고 연구팀은 설명하고 있다.

치유하는 데 효과가 있음을 밝혀냈다. 이렇게 밝혀진 숲의 치유효과를 구체적으로 살펴보면, 정상인 및 경도(輕度) 인지장애 환자들을 대상으로 한 치매예방 프로그램의 경우 TMTB(Trail Making Test B) 수치가 134.2에서 120.6으로 감소하여 주의 집중력이 통계적으로 유의하게 향상된 것으로 나타났으며 알츠하이머 치매의 고위험 증상인 스트레스나 우울증상도 대체적으로 감소한 수치를 보였다.

산림욕을 비롯한 치매걱정 없이 건강한 삶을 사는데 도움을 주는 7가지 방법을 소개하면 다음과 같다.

1. 산림욕을 습관화하라

산림욕은 육체적인 건강뿐만 아니라 정신적 건강에도 큰 도움을 준다는 것이 많은 연구에서 밝혀졌다. 산림욕과 같은 규칙적인 육체활동은 뇌의 신경세포를 생성시키는 긍정적인 자극제 역할을 한다. 또한, 최근 연구들은 산림욕이 인지능력을 향상시켜 기억력이나 집중력 등 정신건강에 매우 큰 역할을 한다고 밝히고 있다.

2. 비타민 B_{12}를 섭취하라

비타민 B는 뇌의 활성화에 도움이 된다고 알려져 있다. 특히 비타민 B_{12}가 최근 주목받고 있다. 영국 옥스퍼드 대학의 연구팀이 노인의 두뇌 활동을 영상 조사한 바에 의하면 혈중 비타민 B_{12} 수준이 높은 노인집단이 그렇지 않은 집단보다 두뇌의 활성도가 6배나 높다는 것을 밝혀냈다. 비타민 B_{12}의 보충으로 뇌 세포의 손실을 줄일 수 있고 기억력과 같은 뇌 활동을 증진시킬 수 있다는 것이 이 연구를 주도한 안나 보기애졸오우(Anna Vogiatzoglou) 박사의 주장이다. 비타민 B_{12}는 육류, 생선, 그리고 우유 등에 함유되어 있다.

3. 물이나 차를 자주 마셔라

물이나 차를 많이 마시는 것도 치매를 줄이는 방법이 된다. 녹차를 하루 4~6잔 마시면 인지 장애 발생이 55% 낮아진다. 커피를 매일 마시면 알츠하이머병 발생률이 30% 낮아지며, 과일 주스나 야채 주스를 1주일에 세 번 이상 마시면 76% 낮아진다는 연구도 있다. 탈수가 뇌의 물리적인 크기뿐만 아니라 활동에도 부정적인 역할을 하기 때문이다. 영국 런던의 King's College 연구팀에 의하면 90분간의 탈수가 약 1년간 나이가 먹는 것과 같은 효과를 뇌에 준다고 한다. 몸에 탈수가 시작되면 뇌세포의 수분이 빠져나가 뇌를 수축시키기 때문이라고 연구팀은 밝히고 있다.

4. 두뇌 활동과 두뇌게임을 즐겨라

독서, 문화생활 같은 두뇌 활동을 지속적으로 해주면 역시 치매위험이 18% 이상 줄어든다고 연구들은 밝히고 있다. 어려운 단어나 익숙하지 않은 이름을 기억하기, 암산하기, 퍼즐게임 같은 것들을 즐겨함으로써 뇌를 활성화시킬 수 있다.

5. 외국어를 배워라

미국 뉴햄프셔에 있는 다트마우스 대학의 연구진들은 단일 언어와 이중

언어를 구사하는 사람들의 뇌 활성 부위를 조사하였다. 이들 두 집단 모두 한 언어를 쓸 때는 뇌의 동일부위가 활성화가 되었지만 이중 언어를 쓸 때는 보다 넓은 범위의 뇌 부분이 활성화되는 것을 확인하였다. 이 연구를 주도한 라우라 안 페테토(Laura-Ann Petitto) 교수는 이중언어가 신경의 활성도를 넓혀주기 때문이라고 밝히고 있다. 외국어 공부는 나이가 중요하지 않고 아무리 늦은 나이라도 가능하다는 게 연구진의 주장이다.

6. 탐험과 호기심을 자극하라

뇌는 새로운 것에 자극을 받는다. 즉, 새로운 것을 경험한다는 것은 뇌의 활성을 높여준다는 것이다. 출근을 할 때 새로운 길을 걸어본다든지, 왼손으로 컴퓨터의 마우스를 움직여본다든지 하는 것도 뇌에 자극을 주는 행동이다.

7. 언어능력을 발달시켜라

언어능력은 뇌의 활성과 밀접한 관련이 있다고 한다. 미국 미네소타주의 수녀 6백명을 대상으로 한 연구에서 언어력과 노후 정신건강과의 관련성이 매우 깊다는 사실이 밝혀졌다. 연구진들은 수녀들의 긴 기간 동안의 자료를 분석한 결과, 젊은 시절 언어 구사력과 작문력이 뛰어날수록 노년에 정신적 활력이 강하다는 것을 발견하였다. 즉, 수녀들의 20대 언어 및 작문 능력과 수십 년 후 나이가 들어서의 알츠하이머 발병과 연관성이 있었다고 이 연구는 보고하였다.

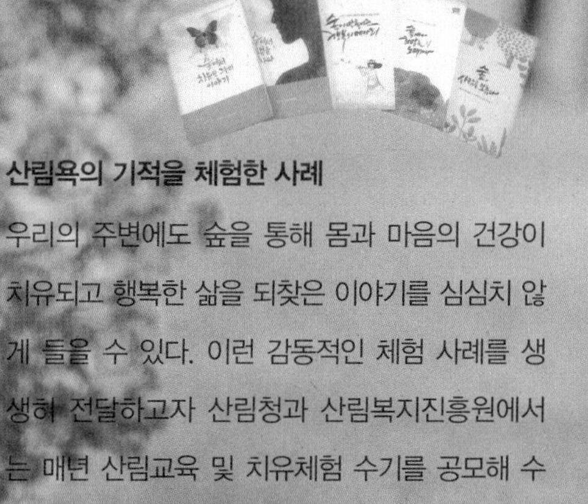

산림욕의 기적을 체험한 사례

우리의 주변에도 숲을 통해 몸과 마음의 건강이 치유되고 행복한 삶을 되찾은 이야기를 심심치 않게 들을 수 있다. 이런 감동적인 체험 사례를 생생히 전달하고자 산림청과 산림복지진흥원에서는 매년 산림교육 및 치유체험 수기를 공모해 수상하고 있다. 그야말로 감동의 이야기들로 가득 차 있다. 산림복지진흥원 홈페이지에서(https://forestwelfare.com/nominees) e-book으로 만날 수 있다.

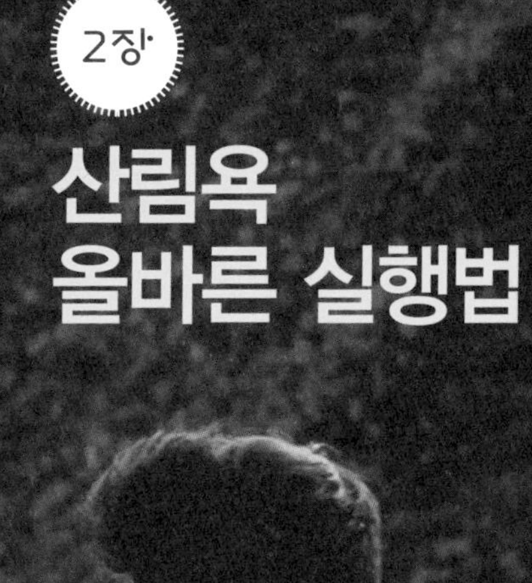

2장

산림욕 올바른 실행법

나의 현재 몸과 마음 상태 - 산림욕 후 얼마나 달라질까?

산림욕은 우리의 육체뿐만 아니라 심리적 건강까지 증진시킨다. 꾸준한 산림욕은 앞장에서 설명한 다양한 효과를 얻게 한다. 이 장에서는 산림욕을 시작하기 전에 현재 나의 몸과 마음의 상태를 알아보기 위하여 준비하였다. 여기서 제시된 각각의 측정은 산림욕을 통해 증진할 수 있는 육체적 건강과 정신적/심리적 건강 상태들이다. 따라서 현재 만족할 만한 상태에 있는 사람들은 산림욕을 통하여 그 수준을 유지할 수 있도록 노력한다. 또한, 그 수준이 낮거나 불만족한 상태에 있는 사람들은 규칙적인 산림욕과 숲과의 교류를 통하여 그 수준을 높일 수 있기를 바란다. 꾸준한 산림욕 활동을 수행한 후 정기적으로 각각의 항목을 측정하여 그 수준이 어떻게 변화하는지를 모니터링 하기를 권장한다.

산림욕 준비 평가 – 산림욕을 시작하기 전에

산림욕은 자신의 육체적 능력을 잘 판단해서 숲을 선택하면 비교적 큰 무리가 없는 육체적 활동이다. 그러나 어떤 사람들에겐 이런 산림욕을 시작하기 전에 의사의 진단이 필요한 경우가 있다. 산림욕 시작 전 다음의 설문에 스스로 응답해 보자.

아래 문항은 캐나다 운동생리학회에서 만든 〈체육 활동 준비에 대한 설문지〉로 일반적으로 운동을 시작하기 전에 이 설문지로 평가를 한다. 만 15세에서 69세까지 남녀 구분 없이 사용할 수 있다. 아래 각 문항을 자세히 읽고 자신에게 해당하는지를 "예" "아니오"로 답한다.

표2 – 산림욕 준비 평가

	문 항	예	아니오
1	의사로부터 심장이나 혈액순환에 관련되어 이상이 있다고 판정을 받은 적이 있습니까?		
2	몸을 움직이거나 운동을 할 때 가슴의 통증을 느낀 적이 있습니까?		
3	지난 한 달 동안 몸을 움직이거나 운동을 하지 않았을 때 가슴의 통증을 느낀 적이 있습니까?		
4	현기증이나 의식을 잃어 쓰러진 적이 있습니까?		
5	운동하거나 몸을 움직였을 때 뼈나 관절에 문제가 있습니까?		
6	최근 혈압이나 심장 관련 약을 처방받은 적이 있습니까?		
7	운동을 하지 않아야 할 특별한 이유가 있습니까?		

* **평가 방법:** 한 문항이라도 "예"에 해당하는 것이 있으면 산림욕을 시작하기 전에 의사와 상의하기 바란다.

심장 질환 위험도 평가

심장 질환은 우리나라 성인들의 가장 큰 사망원인으로 꼽힌다. 따라서 자신의 위험도를 잘 관찰하고 그 위험 요소만 잘 관리한다면 건강한 삶을 영위할 수 있다. 다음의 평가 항목들을 잘 보고 자신의 위험도를 측정해 보자. 꾸준한 산림욕 활동은 심장 질환 위험 요소인 혈압, 콜레스테롤, 체중 등을 잘 조절하게 해주어 위험 요소를 줄여줄 것이다.

표3 – 심장질환 위험도 평가(남성용)

항목	범위	점수	
나의 수축기 혈압은? (고혈압약을 복용하지 않는 사람)	124 이하	0점	점수 ( ) ⇓
	125–134	2점	
	135–144	4점	
	145–154	6점	
	155–164	8점	
	165–174	10점	
	175–184	12점	
	185–194	14점	
	195–204	16점	
	205–214	18점	
	215–224	20점	
나의 수축기 혈압은? (고혈압약을 복용하는 사람)	120 이하	0점	점수 ( ) ⇓
	121–127	2점	
	128–135	4점	
	136–143	6점	
	144–153	8점	
	154–163	10점	
	164–175	12점	
	176–190	14점	
	191–204	16점	
	205–214	18점	
	215–224	20점	

나의 혈중 콜레스테롤은?
(옆의 표에서 전체 콜레스테롤과 고밀도 콜레스테롤이 만나는 곳의 점수를 적는다)

점수 ( ) ⇓

전체(TOTAL) \ 고밀도 콜레스테롤(HDL)	25	30	35	40	50	60	70	80
140	4	2	0	0	0	0	0	0
160	5	3	2	0	0	0	0	0
180	6	4	3	1	0	0	0	0
200	7	5	4	3	0	0	0	0
220	7	6	5	4	1	0	0	0
240	8	7	5	4	2	0	0	0
260	8	7	6	5	3	1	0	0
280	9	8	7	6	4	2	0	0
300	9	8	7	6	4	3	1	0
340	9	9	8	7	6	4	2	1
400	10	9	9	8	7	5	4	3

흡연 여부	전혀 안 한다	0점	점수 ( ) ⇓
	하루 한 갑 이하	2점	
	하루 한 갑 정도	5점	
	하루 두 갑 이상	9점	
비만도	①표준 체중={신장(cm)–100}×0.9 ②비만도=현재 체중/표준 체중×100	* 110% 미만 = 0점 * 110%–120% = 1점 * 120% 이상 = 3점	점수 ( ) ⇓

*참고: 만일 당뇨가 있다면 심장 질환의 위험이 더 커진다. 총 점수에 7점을 더한다.

표4 – 심장질환 위험도 평가(여성용)

항목	범위	점수	
나의 수축기 혈압은? (고혈압약을 복용하지 않는 사람)	124 이하	0점	점수 ( ) ⇓
	126–136	2점	
	137–148	4점	
	149–160	6점	
	161–171	8점	
	172–183	10점	
	184–194	12점	
	195–206	14점	
	207–218	16점	
나의 수축기 혈압은? (고혈압약을 복용하는 사람)	117 이하	0점	점수 ( ) ⇓
	118–123	2점	
	124–129	4점	
	130–136	6점	
	137–144	8점	
	145–154	10점	
	155–168	12점	
	169–206	14점	
	207–218	16점	

나의 혈중 콜레스테롤은?
(옆의 표에서 전체 콜레스테롤과 고밀도 콜레스테롤이 만나는 곳의 점수를 적는다)

점수 ( ) ⇓

전체(TOTAL) \ 고밀도 콜레스테롤(HDL)	25	30	35	40	50	60	70	80
140	2	1	0	0	0	0	0	0
160	3	2	1	0	0	0	0	0
180	4	3	2	1	0	0	0	0
200	4	3	2	2	0	0	0	0
220	5	4	3	2	1	0	0	0
240	5	4	3	3	1	0	0	0
260	5	4	4	3	2	1	0	0
280	5	5	4	4	2	1	0	0
300	6	5	4	4	3	2	1	0
340	6	5	5	4	3	2	1	0
400	6	6	5	5	4	3	2	2

흡연 여부	전혀 안 한다	0점	점수 ( ) ⇓
	하루 한 갑 이하	2점	
	하루 한 갑 정도	5점	
	하루 두 갑 이상	9점	
비만도	①표준 체중={신장(cm)–100}×0.9 ②비만도=현재 체중/표준 체중×100	* 110% 미만 = 0점 * 110%–120% = 1점 * 120% 이상 = 3점	점수 ( ) ⇓

＊평가 방법: 총점을 기준으로
0~2점 심장 질환 위험이 낮음 **3~4점** 심장 질환 위험이 약간 있음
5~7점 심장 질환 위험이 약간 높음 **8~15점** 심장 질환이 발병할 위험이 높음
16점 이상 심장 질환이 발병할 위험이 매우 높음

나의 현재 스트레스 정도는?

스트레스는 현대인들에게 '공공의 적'이라 불릴 만큼 누구도 피해갈 수 없이 시달린다. 문제는 스트레스를 받는 것이 아니라 받은 스트레스를 어떻게 해소하는가가 중요하다. 해소되지 못한 스트레스는 우리에게 정신적, 육체적으로 영향을 주어 피로가 누적된 삶을 살게 하거나 질병의 원인이 된다. 산림욕이 스트레스의 해소에 최적의 활동이라는 것을 많은 연구가 실증적으로 밝히고 있다. 따라서 자주 숲을 찾음으로써 일상에서 받은

표5 – 스트레스 지수 측정표

문항	점수				
	1	2	3	4	5
화를 잘 내고 참는 것이 힘이 든다					
허전한 느낌이 자주 들며 의욕이 떨어진다					
조급한 마음, 쫓기는 듯한 느낌이 든다					
피곤하고 무기력하다					
이유없이 긴장과 불안한 느낌이 든다					
숙면을 이루지 못하고 잠에서 자주 깬다					
집중력이 떨어진다					
비관적이다					
사소한 실수와 같은 실수가 반복된다					
답답하고 가슴이 두근거린다					
입안이 헐거나 붓는다					
목, 어깨가 결리고 몸이 무겁다					
식욕이 없거나 갑자기 폭식을 한다					
속이 울렁거리거나 구역질이 난다					
변비나 설사가 잦다					
자신감이 떨어진다					
합 계					

***평가 방법:** 각 항목을 읽고 최근 나의 상태가 전혀 그렇지 않다고 생각하면 **1점**, 약간 그렇다고 생각하면 **2점**, 어느 정도 그렇다고 생각하면 **3점**, 상당 부분 그렇다고 생각하면 **4점**, 그리고 거의 그렇다고 생각하면 **5점**으로 환산하여 합계한 다음 자신의 상태를 살핀다

0~25점 정상, 산림욕으로 꾸준히 건강을 지키세요. **26~40점** 약간 주의, 자주 숲에 가서 산림욕 하길 권장 **41~55점** 스트레스 예방 필요, 매일 산림욕 필요 **56~69점** 심각한 스트레스, 산림욕과 생활 습관, 마음가짐 등의 교정이 필요 **70점 이상** 매우 심각한 단계, 전문의와 상담 필요

산림욕이 스트레스의 해소에 최적의 활동이라는 것을 많은 연구가 실증적으로 밝히고 있다. 따라서 자주 숲을 찾음으로써 일상에서 받은 스트레스를 회복하고 심리적/육체적 원기를 회복하도록 하자.

스트레스를 회복하고 심리적/육체적 원기를 회복하는 것은 건강하고 행복한 삶의 좋은 습관이다.

스트레스 원인 대처 능력 평가

스트레스는 만병의 근원이라고 일컫듯 우리의 몸과 마음에 큰 영향을 미친다. 우리는 살아가면서 스트레스를 받지 않을 수는 없다. 그러나 중요한 것은 받은 스트레스를 어떻게 잘 대처해나가고 해소하느냐가 관건이다. 스트레스의 크기나 종류가 문제가 아니라 대처 능력이 중요하다는 말이다. 산림욕은 분명 육체적, 정신적, 그리고 사회적으로 긍정적인 영향을 주어 당신의 스트레스 대처 능력을 높여줄 것이다.

표6 – 스트레스 원인 대처 능력 평가

문항	점수
든든한 가족이 있다고 느끼면	+10
취미 생활을 활발히 한다면	+10
친목 단체의 모임에 한 달에 한 번 이상 참석한다면	+10
신장에 비해 정상 체중을 가지고 있다면	+15
일주일에 세 번 이상 긴장을 이완시키는 연습이나 기회가 있다면	+15
매주 평균 30분 이상 운동하는 횟수	+5
하루 동안 채소나 과일 등 섬유소 음식을 섭취하는 횟수	+5
매주 자신만을 위해 진정 기쁨을 느끼는 일을 하고 있다면	+5
집에 혼자 있거나 혼자만의 평안을 찾을 수 있는 장소가 있다면	+10
일상에서 시간 관리를 잘 하고 있다고 생각하면	+10
하루 평균 담배를 한 갑 정도 핀다면	–10
잠을 자기 위해 약을 먹거나 술을 마신다면	–5
불안 또는 우울 때문에 약을 먹는다면	–10
직장에서 일거리를 집으로 가져온다면	–5
합 계	

＊평가 방법
115점 이상 아주 좋음 **61~114점** 좋음 **50~60점** 보통 **50점 이하** 보통 이하

산림욕은 분명 육체적, 정신적, 그리고 사회적으로 긍정적인 영향을 주어 당신의 스트레스 대처 능력을 높여줄 것이다.

나의 우울 상태

우울은 마음의 감기라고 불릴 만큼 흔하다고 알려져 있지만, 깊어지면 어느 질환보다도 무섭고 심각하다. 삶의 의욕을 잃고 절망에 빠져 스스로 목숨까지도 버릴 수 있기 때문이다. 자살하는 사람들의 70~80%가 우울 때문이라는 통계가 이를 뒷받침해준다. 우울증은 사실 마음의 병이 아닌 뇌의 병이다. 뇌하수체 이상으로 세로토닌과 같은 신경전달물질이 제대로 분비되지 않는 것이 그 원인이기 때문이다.

산림욕이 우울증 치료에 매우 효과적이라는 것은 많은 연구 결과들이 증명하고 있다. 필자의 연구실에서 수행한 우울증 치유 캠프에서도 2박 3일 정도 숲과의 접촉만으로도 많은 환자가 효과를 보이고 있다. 숲에서의 체험과 활동, 그리고 숲의 다양한 치유 요소들이 세로토닌 분비를 활성화하고 감정과 정서를 변화시키기 때문이다.

다음의 벡 우울척도는 벡(Beck)이라는 우울증의 권위자가 우울증의 깊이를 평가하기 위해 만든 표준화 검사다. 다음 글을 잘 읽어보고 각 질문 문항 중 요즈음 자신에게 가장 적합하다고 느끼는 문항에 체크한다.

표7 – 벡 우울척도 체크리스트

번호	문항	점수
1	나는 슬픔을 느끼지 않는다.	0
	나는 항상 슬프고 그것을 떨쳐버릴 수 없다.	1
	나는 슬픔을 느낀다.	2
	나는 너무나도 슬프고 불행해서 도저히 견딜 수 없다.	3
2	나는 앞날에 대해 특별히 낙담하지 않는다.	0
	나는 앞날에 대해서 별로 기대할 것이 없다고 느낀다.	1
	나는 앞날에 대해 기대할 것이 아무것도 없다고 느낀다.	2
	나의 앞날은 암담하여 전혀 희망이 없다.	3
3	나는 실패감 같은 것을 느끼지 않는다.	0
	나는 다른 사람들보다 실패의 경험이 더 많다고 느낀다.	1
	나의 살아온 과거를 되돌아보면 나는 항상 많은 일에 실패를 했다.	2
	나는 한 인간으로서 완전히 실패했다고 느낀다.	3
4	나는 전과 다름없이 일상생활에서 만족하고 있다.	0
	나의 일상생활은 전처럼 즐겁지가 않다.	1
	나는 더 이상 어떤 것에서도 실제적인 만족을 얻지 못한다.	2
	나는 모든 것이 다 불만스럽고 지겹다.	3
5	나는 특별히 죄의식을 느끼지 않는다.	0
	나는 많은 시간 동안 죄의식을 느낀다.	1
	나는 대부분의 시간 동안 죄의식을 느낀다.	2
	나는 항상 죄의식을 느낀다.	3
6	나는 내가 벌을 받고 있다고 느끼지 않는다.	0
	나는 내가 벌을 받을지도 모른다고 느낀다.	1
	나는 벌을 받아야 한다고 느낀다.	2
	나는 현재 내가 벌을 받고 있다고 느낀다.	3
7	나는 나 자신에 대해 실망하지 않는다.	0
	나는 나 자신에 대해 실망하고 있다.	1
	나는 나 자신을 역겨워하고 있다.	2
	나는 나 자신을 증오한다.	3
8	나는 내가 다른 사람보다 못하다고 생각하지 않는다.	0
	나는 나의 약점이나 실수에 대해 나 자신을 비관하는 편이다.	1
	나는 나의 잘못에 대해 항상 나 자신을 비난한다.	2
	나는 주위에서 일어나는 모든 잘못된 일에 대해 나 자신을 비난한다.	3
소 계		

표7 – 벡 우울척도 체크리스트

번호	문항	점수
9	나는 자살할 생각 같은 것은 하지 않는다.	0
	나는 자살할 생각은 하고 있으나 실제 실행하지는 않을 것이다.	1
	나는 자살하고 싶다.	2
	나는 기회만 있으면 자살하겠다.	3
10	나는 전보다 더 울지는 않는다.	0
	나는 전보다 더 많이 운다.	1
	나는 요즘 항상 운다.	2
	나는 전에는 자주 울었지만, 요즈음은 울래야 울 기력조차 없다.	3
11	나는 전보다 화를 더 내지는 않는다.	0
	나는 전보다 쉽게 화가 나고 짜증이 난다.	1
	나는 항상 화가 치민다.	2
	전에는 화를 내게 했던 일인데도 요즈음은 화조차 나지 않는다.	3
12	나는 다른 사람에 대한 흥미를 잃지 않고 있다.	0
	나는 다른 사람들에게 흥미를 덜 느낀다.	1
	나는 다른 사람들에 대하여 거의 흥미를 잃었다.	2
	나는 다른 사람들에 대하여 완전히 흥미를 잃었다.	3
13	나는 전과 같이 결정하는 일을 잘 해낸다.	0
	나는 어떤 일에 대해 결정을 못 내리고 머뭇거린다.	1
	나는 어떤 결정을 할 때 전보다 더 큰 어려움을 느낀다.	2
	나는 이제 아무 결정도 내릴 수가 없다.	3
14	나는 전보다 내 모습이 나빠졌다고 느끼지 않는다.	0
	나는 내 용모에 대해 걱정한다.	1
	나는 남들에게 매력을 느끼게 할 용모를 지니고 있지 않다.	2
	나는 내가 추하고 불쾌하게 보인다고 생각한다.	3
15	나는 전과 다름없이 일을 잘 할 수 있다.	0
	어떤 일을 시작하려면 전보다 더 힘이 든다.	1
	어떤 일을 시작하려면 굉장히 힘을 들이지 않으면 안 된다.	2
	나는 너무 지쳐서 아무런 일도 할 수가 없다.	3
16	나는 전과 다름없이 잠을 잘 잔다.	0
	나는 전처럼 잠을 자지 못한다.	1
	나는 전보다 한두 시간 빨리 잠이 깨며, 다시 잠들기가 어렵다.	2
	나는 전보다 훨씬 빨리 잠이 깨며, 다시 잠들 수가 없다.	3
소 계		

표7 – 벡 우울척도 체크리스트

번호	문항	점수
17	나는 전보다 더 피곤하지 않다.	0
	나는 전보다 더 쉽게 피곤해진다.	1
	나는 무슨 일을 하든지 곧 피곤해진다.	2
	나는 너무나 피곤해서 아무 일도 할 수가 없다.	3
18	내 식욕은 전보다 나빠지지 않았다.	0
	내 식욕이 전처럼 좋지 않다.	1
	내 식욕은 요즈음 매우 나빠졌다.	2
	요즘에는 전혀 식욕이 없다.	3
19	요즘 나는 몸무게가 줄지 않았다.	0
	나는 전보다 몸무게가 준 편이다.	1
	나는 전보다 몸무게가 많이 줄었다.	2
	나는 전보다 몸무게가 너무 많이 줄어서, 건강에 위협을 느낄 정도이다.	3
20	나는 전보다 건강에 대해 더 염려하지는 않는다.	0
	나는 두통, 소화불량 또는 변비 등의 현상이 잦다.	1
	나는 내 건강에 대하여 매우 염려하기 때문에 제대로 일을 하기가 어렵다.	2
	나는 내 건강에 대하여 너무 염려해서 다른 일을 거의 생각할 수가 없다.	3
21	나는 요즈음도 이성에 대한 관심에 변화가 없다고 생각한다.	0
	나는 이전보다 이성에 대한 흥미가 적다.	1
	나는 요즈음 이성에 대한 흥미를 상당히 잃었다.	2
	나는 이성에 대한 흥미를 완전히 잃었다.	3
합 계		

＊평가 방법: 체크한 문항 번호를 합산해 일반적으로 16점 이상이면 우울증으로 의심해 볼 수 있다. 하지만 이 점수만으로 우울증을 진단하거나 경증을 판단하는 데 한계가 있다. 아래의 기준을 참조하여 점수가 높게 나온 경우, 전문가 면담을 받는 게 좋다.

0~9점 우울하지 않은 상태
10~15점 가벼운 우울 상태
16~23점 중한 우울 상태
24~63점 심한 우울 상태

나의 현재 생활 만족도 상태

자신의 생활에 만족한다는 것은 어떻게 보면 자신의 자아개념 또는 자존감과 연결된다. 즉, 자기 자신에 대한 뚜렷한 자신감과 존중감이 있다면 자신의 생활과 삶이 만족스러울 것이다. 산림욕의 가장 대표적인 심리적 편익 중 하나는 자아개념과 자존감을 높여 준다는 사실이다. 이는 곧 자신의 생활 만족에 긍정적인 영향을 준다.

다음의 각 항목은 여러분의 생각과 일치할 수도 또 그렇지 않을 수도 있다. 각 항목을 읽고 자신의 상태와 가장 비슷하다고 생각하는 숫자를 각 항목에 기입한다. 항목별 점수는 7점 만점 기준으로 체크한 다음, 각 항목의 점수를 더하여 평가하면 된다.

표8 – 현재 생활 만족도 체크

문항	점수
내 삶은 어느 모로 보나 나의 이상과 가깝다.	
내 삶의 상황은 대단히 훌륭하다.	
나는 내 삶에 더없이 만족한다.	
아직까지 살아오면서 내가 원하는 중요한 일들은 거의 성취하였다.	
나는 다시 태어나도 현재의 나와 아무것도 바꾸지 않겠다.	

＊평가 방법
30~35점 더없이 만족한 상태
25~29점 꽤 만족한 상태
20~24점 조금 만족한 상태
15~19점 낮은 불만족 상태
10~14점 불만족 상태
5~9점 아주 낮은 불만족 상태

각 검사의 활용법

앞에서 산림욕으로 효과를 볼 수 있는 육체적, 심리적,정신적인 현재 상태를 간단히 측정할 수 있는 자가 진단지를 소개하였다. 각 진단지별 평가 방법과 그 수준을 제시하였으므로 나의 상태가 어느 정도인지 스스로 알 수 있을 것이다. 물론 정상에서 떨어진 수준에 있는 분이라면 먼저 의사를 찾으라고 권한다. 다만 현재 측정한 이 점수를 기준점으로 삼아 꾸준한 산림욕과 함께 자신의 상태가 어떻게 변화하는지 관찰해 보자.

자신의 측정 점수 상태를 기록하는 것은 물론이고 가능하면 산림욕에 대한 자신의 느낌과 감정을 구체적으로 기록하는 것도 좋은 방법이다. 어떤 숲, 어느 형태의 숲에서 어떤 감정을 느꼈는지, 숲에서의 어떤 활동이 어떤 느낌과 효과를 주었는지를 자세히 기록해두면 자신의 숲에 대한 성향과 태도를 분석할 수 있다. 이런 분석을 바탕으로 나의 상태를 진단하고 그 상태를 호전시킬 수 있는 숲 처방을 스스로 내릴 수 있는 귀중한 자료가 될 수 있다.

산림욕 준비와 기본 기술

산림욕의 기본 활동은 숲에서 자연과 교감하고 자연에 동화하면서 걷는 것이다. 특별한 기술이 필요할 정도로 어렵거나 복잡한 활동이 아니다. 그러나 산림욕의 효과를 잘 거두기 위해서는 기초적인 준비와 기술이 필요하다.

옷

산림욕의 옷차림은 몸을 보호하면서도 활동하기 편해야 한다는 것이 기본 원칙이다. 춥거나 또는 덥거나, 비가 오거나 안개가 낀 날씨에도 몸을 보호할 수 있어야 한다. 산림욕 복장의 첫 번째 원칙은 피부의 호흡이 원활히 이루어질 수 있고 땀의 흡수가 쉬운 옷이어야 한다. 특히 여름철엔 햇볕 반사가 될 수 있는 가벼운 색상의 옷이 좋다. 자외선을 방지하기 위한 선글라스와 선크림도 도움이 된다. 비단 여름철이라도 피부가 긁히거나 벌레로부터 물리지 않기 위해 긴 바지와 긴 팔의 옷을 입는 것이 좋다.

최근에는 지퍼로 바지의 단을 떼거나 올릴 수 있어 기온에 맞게 조절할 수 있는 옷이 많아 편리하게 이용할 수 있다.

주머니

안전을 위하여 지퍼가 달려야 한다. 비가 올 때 흘러내릴 수 있게 주머니 덮개가 있는 것이 좋다.

조정할 수 있는 소매

팔의 길이와 손목의 굵기에 따라 조정할 수 있는 소매 끈이 있는 옷이 좋다.

후드

바람이 불거나 비가 올 때 보호할 수 있는 후드가 있는 옷이 무난하다.

속옷

어느 계절이든 공기가 잘 통하고 부드러운 천으로 된 옷이어야 한다. 쿨맥스 같은 옷감은 땀을 빨리 증발시키기 때문에 항상 몸을 건조하게 한다. 항균이나 방향성 소재로 된 속옷도 많이 나와 있다. 실크 소재로 된 속옷들은 피부에 부드럽게 접촉이 되고 겨울철 보온을 유지할 수 있다.

모자

어느 계절에 산림욕을 하더라도, 머리를 햇볕, 바람, 비, 또는 추위로부터 보호할 수 있는 모자는 필수적이다. 창이 있는 모자라야 햇빛으로부터 얼굴을 보호할 수 있다.

바람 방지 외투

숲엔 항상 바람이 생각보다 세게 분다는 것을 기억해야 한다. 추운 날씨엔 바람이 체감 온도를 낮추므로 몸을 바람으로부터 보호할 수 있는 복장이 필요하다. 바람과 비 방지용 외투를 늘 준비하면 좋다. 실제 필요 없을 때는 허리에 두르든지 배낭에 집어넣으면 된다.

신발

가벼운 동네 공원의 숲 산책이라면 평소에 신던 운동화도 무난하다. 그러나 경사지의 숲길이나 암석 등이 있는 미끄러운 숲길의 산림욕이라면 튼튼한 등산화가 발을 보호해 준다. 일반적으로 발목을 보호할 수 있는 높은 등산화가 좋다.

양말

산림욕은 발에 땀이 많이 나는 활동이다. 따라서 발의 피부를 보호하는 부드러운 양말을 안쪽에 신고 밖에는 울로 된 양말을 신어 따뜻함을 유지시키도록 한다. 면보다는 합성 소재로 된 양말이 좋다. 면은 빨고 나면 부

등산용 신발을 고를 때 주의점

– 신발은 오후 또는 일이 끝난 후 저녁에 산다. 오후가 되면 발이 부풀어 커지게 되므로 신발은 오후나 저녁에 사야 한다.

– 신발을 사기 전에 5~10분 정도 걸어본다. 걸어줌으로써 발이 충분히 커지고 맞는 신발을 사게 된다.

– 산림욕을 위한 신발은 일반 운동화에서부터 발목을 커버할 수 있는 등산화까지 다양하다. 일주일에 25% 이상 어느 숲길을 가는지 생각해 보고 그에 맞는 신발을 중점적으로 선택한다.

– 신발 끈을 매지 않고 신어서 뒤꿈치에 손가락 하나 정도가 들어갈 만한 여유가 있어야 한다. 끈을 매고 나면 맞는 사이즈이다.

– 한 번 산림욕을 하는데 1시간 정도이고, 일주일에 3일 정도 숲에 간다면 5개월에 한 번씩 새 신발로 바꿔주는 것이 좋다.

드러운 감이 없어지고 모양도 변한다. 또한, 면은 땀을 흡수하면 그대로 유지하고 방출하지 못하기 때문에 좋지 않다. 쿨맥스나 드라이핏 같은 천으로 된 양말은 발에 공기 순환을 쉽게 해 준다. 만약을 대비해 숲에 갈 때는 항상 여분의 양말을 가져가도록 한다.

장갑

등산용 폴/지팡이, 숲길에서의 나뭇가지나 바위 등을 잡는데 편한 장갑을 끼면 된다. 부드러우면서도 보온이 되는 등산용 장갑이면 좋다. 아주 추울 때는 벙어리장갑이 보온에 더 효과적이다.

배낭

비록 짧은 산림욕이라도 가벼운 배낭을 가져가는 것이 좋다. 배낭 속엔 산림욕에 필요한 다음과 같은 물건을 넣는다.

– 간식
– 물 두 병
– 여분의 스웨터 또는 갈아입을 옷
– 지도 및 나침판
– 비상 약품(반창고, 진통제, 상처용 연고, 햇볕 화상 연고 등)
– 필기구
– 카메라 – 플래시 – 비상용 담요

산림욕 시작을 위한 4가지 원칙

산림욕은 숲속에서의 걷기가 기본 활동이다. 다른 모든 운동이 마찬가지이지만 산림욕도 기본적으로 지켜야 할 원칙이 있다. 이 원칙들을 지켜가며 산림욕을 시작한다면 더 효율적으로 여러분을 건강하게 도와줄 것이다.

원칙1 – 무리하지 말자

산림욕은 남녀노소 누구나 할 수 있는 활동이다. 그러나 산림욕의 강도가 높아지면 이야기는 달라진다. 경사가 급하고 험한 숲길을 택한다든지, 몇 시간 이상 걸어야 하는 거리의 숲길을 택한다든지 하는 것은 경험이 적은 초보자들에겐 위험할 수 있다. 만일 건강을 위해 산림욕을 시작하는 초보자라면 욕심을 내서 무리하는 것은 금물이다. 숲에서의 걷기 강도도 너무 빠르거나 숨이 찰 정도라면 초보자로서는 무리이다. 전반적으로 옆 사람과 대화하며 걸을 수 있는 정도의 강도가 적당하다. 산림욕은 지속적으

산림욕의 원칙을 잘 지켜 실천하면 보다 효과적인 건강을 얻을 수 있다.

로 수행해야 할 습관이 되어야 한다. 따라서 천천히 자신의 능력에 맞도록 거리와 강도를 조절하여야 한다.

원칙2 – 꾸준히 수행할 수 있도록 습관을 만들자

산림욕은 작심삼일이 되어선 안 된다. 특히 여러분이 행복과 건강을 위해 산림욕을 택하였다면 말이다. 학교든, 직장이든, 새로운 운동이든 간에 꾸준하게 참여하고 지속적으로 일을 수행하는 것이 성공의 원칙이듯, 산림욕 역시도 습관처럼 수행한다면 건강과 행복의 기초가 될 수 있다. 그러기 위해선 자연에 흥미를 가지고 산림욕에 임해야 한다. 하루하루 달라지는 숲의 색깔, 새소리, 야생화 등의 아름다움에 심취하면서 산림욕을 수행한다면 지루해지지 않는다. 건강하기 위해 의무적으로 해야 한다면 곧 지치게 될 것이다.

원칙3 – 조급하지 말자

처음부터 큰 목표를 잡고 산림욕을 시작하는 것은 무리이다. 처음엔 한 시간 이내 집 근처의 숲에서부터 시작하는 것이 좋다. 몸이 산림욕에 점점 익숙해지면 시간과 거리를 늘려가면 된다. 자기 몸의 능력에 맞는 스케줄을 가지고 산림욕을 하자.

원칙4 – 휴식도 중요하다

산림욕 후 휴식을 취해주는 것이 피로를 풀어주고, 더 강하며 건강하게 한다. 산림욕으로 자극을 받은 근육, 뼈, 힘줄, 심장 등이 휴식을 통해 정

산림욕 후 휴식을 취해주는 것이 피로를 풀어주고, 더 강하며 건강하게 한다.

상기능을 할 수 있도록 해 주어야 한다. 과욕과 소진은 다치거나 건강을 더 해치게 한다는 것을 명심하자.

산림욕을 위한 준비 운동

산림욕은 육체적으로 큰 부담을 주는 활동이 아니기 때문에 숲으로 떠나기 전 준비 운동이 그렇게 거창할 필요는 없다. 가볍게 스트레칭을 하는 정도이면 우리 몸의 근육을 이완시켜 준다. 아래 몇 가지 가벼운 스트레칭 동작을 소개한다. 각 동작을 가볍게 20초 정도씩하고 숲으로 떠나보자. 스트레칭은 근육의 긴장을 완화시키고, 육체를 더욱 편안하게 해주고, 보다 자유롭고 쉬운 동작을 가능하게 함으로써 관절과 근육의 가동범위를 확장시켜 효과적인 산림욕을 할 수 있게 해준다. 특히 추운 날씨에 산림욕을 할 때 스트레칭은 더욱 중요하다.

다리근육(장딴지) 스트레칭

한쪽 다리는 뒤로 쭉 뻗고 다른 쪽 다리는 앞으로 구부려 걷는 자세를 취한다. 이때 서 있는 나무를 지지대로 삼아 장딴지 위쪽이 늘어나는 느낌이 들 정도로 몸을

스트레칭은 근육의 긴장을 완화시키고 육체를 더욱 편안하게 해주고, 자유롭고 쉬운 동작을 가능하게 한다.

구부린다. 양발이 일직선 위에 놓이도록 하고 뒤꿈치는 땅에 밀착시킨다.

힙 근육 스트레칭

큰 걸음을 걷는 자세로 선다. 양손을 앞무릎에 올려놓고 뒷무릎은 쭉 편다. 골반을 앞으로 밀고 등을 곧게 세운다. 엉덩이의 앞과 허벅지, 종아리가 늘어지는 느낌을 받도록 한다.

오금 및 다리근육 스트레칭

땅바닥에 있는 돌이나 나뭇등걸에 발꿈치를 올려놓는다. 이때 무릎과 허리는 곧게 편다. 상체를 엉덩이로부터 구부린다. 이때 무릎 뒤 근육이 늘어나는 느낌을 받도록 한다.

아킬레스 건 스트레칭

한쪽 다리를 다른쪽 다리 뒤로 약간 뺀 후 선다. 무릎을 구부리면서 뒤꿈치를 아래쪽으로 민다.

대퇴부 스트레칭

한 손으로는 몸을 지지할 수 있도록 나뭇가지나 돌 등을 잡고 다른 한 손으로는 발목을 잡는다. 엉덩이 쪽으로 발목을 잡아당긴다. 무릎과 앞 장딴지가 일자로 곧게 되는 것 같은 느낌을 받도록 손으로 발목을 잡아당긴 후 4~5초간 그대로 둔다. 이때 앞 장딴지가 늘어나는 느낌을 받도록 한다.

스트레칭이 왜 필요한가?

추운 날씨에 엿을 갑자기 구부리면 잘 부러진다. 그런데 엿을 손으로 잡고 한참 만에 천천히 구부리면 엿은 부러지지 않고 휘어버리기만 한다.

우리의 근육 섬유도 엿과 마찬가지이다. 준비 운동 없이 추운 상태에서 갑자기 활동을 하면 엿이 부러지는 것처럼 근육도 손상을 입기 쉽다. 근육을 스트레칭하여 워밍업을 시키면 근육은 더 유연해져 활동을 효율적으로 할 수 있고 그 효과도 크다. 효과적인 스트레칭 방법은 다음과 같다.

- 자주 몸을 풀어준다. 몸이 경직되거나 근육이 굳어있다고 느낄 때 자주 스트레칭을 하자.
- 몸 전체를 이용한 스트레칭을 한다. 목, 어깨 팔, 가슴, 허리, 다리 등 온몸이 이완되도록 스트레칭을 한다.
- 운동에 초보라면 더 긴 시간을 스트레칭에 할애한다.
- 자연스러운 방향으로 스트레칭을 한다. 평소 움직임의 방향대로 스트레칭을 해야 부작용을 겪지 않는다.

산림욕을 효과적으로 하기 위한 몇 가지 제안

산림욕을 처음 시작할 때는 재미와 안전을 위해 친구들이나 가족과 함께 숲으로 가는 것이 좋다. 차츰 익숙해지면 혼자서도 흥미로운 산림욕을 즐길 수 있다.

처음엔 주변의 익숙한 숲에서부터 산림욕을 시작하자. 안전을 위해서 내가 현재 어디에 있는지 또 어디로 돌아와야 하는지 등의 지리적인 익숙함을 아는 것이 중요하다.

제안1. 혼자 갈 때는 행선지를 알려주자

만일 혼자 산림욕을 간다면 가족이나 친구에게 어디로 가는지 언제 돌아올 것인지를 알려주자.

제안2. 꼭 정상까지 갈 필요는 없다

정상에 올라가는 것이 산림욕의 목표는 아니다. 산림욕은 오감을 열고

처음 시작할 때는 재미와 안전을 위해 친구들이나 가족과 함께 숲으로 가는 것이 좋다.

자연과 동화하며 교감하는 활동이다.

제안3. 햇볕을 충분히 받자

숲에서는 햇볕을 쬐어도 괜찮다. 숲의 햇볕은 간접햇볕이 대부분이기 때문에 피부에 큰 위험을 주지 않는다. 염려스럽다면 햇볕차단 크림을 바르면 된다. 숲에서 얼굴에 햇볕을 가린다고 복면을 쓰는 것은 지양하자.

제안4. 야간 산림욕은 안전에 주의를 기울인다

저녁 또는 밤에 산림욕을 할 때는 특히 안전에 신경을 써야 한다. 평소 잘 알고 있는 숲으로 가고, 가능한 한 몇몇이 같이 가는 것이 좋다.

제안5. 간단한 비상약을 챙긴다

비교적 긴 거리의 산림욕을 계획한다면 혹시 모를 안전사고에 대비하여 간단한 비상 약품과 휴대 전화를 항상 챙기자.

제안6. 차도는 차량 진행 방향 반대로 걷는다

차도를 걸을 땐 차가 앞에서 오는 방향을 택하여 걷는다. 운전자와 눈을 마주칠 수 있도록 한다.

제안7. 이어폰은 잠깐 넣어둔다

숲을 걸을 땐 이어폰을 끼지 않도록 권한다. 숲에는 음악보다 더 아름다운 자연의 선율이 있다. 새소리, 바람 소리…. 이 모든 것들은 어느 위대한 작곡가의 음악보다도 더 감명적이다. 자연의 소리가 우리의 마음을 안정시키고 평안하게 한다. 이런 자연의 치유 기능을 이용한 것이 바로 음악치료이다.

제안8. 오감을 활짝 열자

오감을 열고 산림욕을 하자. 숲속엔 온갖 신비로운 것들로 가득 차 있다. 오감을 열고 이 모든 것들을 느껴 보자. 한층 더 산림욕의 흥미와 효과를 높여줄 것이다.

마음을 평안케 해 주는 시, 신문에 난 미담 기사 등을 읽고 머리에 담아 숲으로 가자.

제안9. 흔적을 남기지 말자

숲은 청정한 곳이며 많은 사람이 이용하는 장소이다. 내가 만든 쓰레기는 반드시 되가져간다.

제안10. 숲의 자연물을 가져오지 말자

숲에 있는 야생화, 돌과 같은 자연물 등은 숲의 중요한 구성원이다. 집에 가져가고 싶은 충동이 생길 땐 머릿속에 담아가거나 사진으로 가져가자.

제안11. 정해진 길만 이용하자

등산로나 산책로를 벗어나 산림욕을 하는 것은 위험을 초래할 뿐만 아니라 자연을 훼손하는 행위이다.

제안12. 좋은 시 또는 글을 읽고 숲으로 가자

마음을 평안케 해 주는 시, 신문에 난 미담 기사 등을 읽고 머리에 담아 숲으로 가자. 만일 신앙이 있다면 성경 또는 불경과 같은 가르침의 좋은 글도 좋다. 이것을 생각하며 산림욕을 하면 자연스러운 명상이 된다.

지속적인 산림욕을 하기 위한 방법

어떤 운동이나 취미도 지속적으로 행하지 않으면 그 효과를 볼 수 없다. 산림욕도 마찬가지이다. 꾸준히 산림욕을 할 수 있는 방법을 생각해 보자.

제안1. 다짐을 하자

어떤 활동이든 마음가짐이 중요하다. 진정으로 산림욕을 원한다면 언제든 시간을 낼 수 있다. 우리가 시간이 없어 점심이나 저녁을 먹지 못하지 않는다. 산림욕도 다르지 않다. 선택 활동이 아니라 필수 활동이라는 다짐을 하자.

제안2. 산림욕이 주는 효과를 생각하자

산림욕을 생활의 우선순위로 두고 꾸준히 숲에 감으로써 육체적, 정신적 건강과 행복한 삶을 살 수 있다. 산림욕에서 얻는 건강과 행복은 가족과 친지, 사회와 국가에 공헌할 수 있게 한다.

제안3. 상황의 변화에 따르자

살다 보면 여러 사정이 생긴다. 아이가 아플 수 있고, 직장 일이 바쁠 때도 있다. 이런 상황이 있을 때는 융통성을 가지고 일정을 조정한다. 숲에 가는 시간을 30분으로 줄이거나 이틀 또는 사흘에 한 번씩 가도 좋다. 다만 정상으로 돌아왔을 때 지속적으로 스케줄을 지키도록 한다.

제안4. 부정적 생각을 하지 않는다

'오늘은 숲에 갈 기분이 아니야', '오늘 할 일이 너무 많아'…. 이런 생각은 산림욕을 뒤로 미루게 한다. 기분이 아니더라도 일단 숲으로 가라. 숲은 우리의 몸과 마음을 긍정적으로 바꾸어 놓는다.

제안5. 날씨가 나빠도 숲에 간다

날씨가 흐리거나 비가 오더라도 숲에 가면 색다른 경험을 할 수 있다. 숲의 경치가 평소보다 더 아름답고 색깔도 훨씬 진하고 선명하게 보인다. 숲의 냄새도 특이하다. 다만 날씨에 대비할 수 있는 적합한 복장으로 숲으로 떠난다.

제안6. 새벽 또는 아침 일찍 숲에 간다

직장에 출근하거나 낮에는 여러 일로 시간을 내기 어렵다. 또 저녁에는 예상치 못한 약속이나 스케줄이 생길 수 있다. 이럴 때는 새벽 또는 아침 일찍 숲에 가는 것이 효과적이다.

산림욕을 시작할 때 자주 갖는 의문과 해답

Q. 산림욕은 처음에 얼마나 해야 하나?

A. 이 질문에 답은 여러분의 여건에 따라 다르다. 즉, 육체적으로 얼마나 튼튼한지, 또는 시간이 얼마나 있는지, 또 숲길의 상태가 어떤지 등에 따라 달라질 수 있다. 산림욕의 초보자라도 어떤 사람들은 여러 운동으로 단련된 몸을 가지고 있고 이런 사람들은 훨씬 오랫동안 산림욕을 해도 무리가 없다. 또한, 당연한 말이지만 평탄한 숲길은 경사가 높은 숲길보다 걷는데 덜 힘들다. 일반적으로 운동을 그리 많이 하지 않은 사람들에겐 한 시간 정도의 산림욕으로 시작하는 것이 좋다. 몸이 산림욕에 익숙해지면서 점점 산림욕의 시간과 거리를 늘리도록 한다.

Q. 매일 산림욕을 해야 하나?

A. 다른 운동과 마찬가지로 산림욕도 꾸준히 하는 것이 중요하다. 산림욕 초보자일 때는 매일 숲에 가는 것이 지루할 수도 있다. 이럴 땐 하루걸러 한 번씩 산림욕을 하여 몸을 쉬게 하는 것도 좋다. 얼마 후엔 몸이 익숙해져 매일 산림욕을 해도 쉽게 적응할 수 있다.

Q. 산림욕을 할 때 빨리 걷는 것이 효과적인가?

A. 아니다. 산림욕을 시작할 때 자연스러운 보폭으로 출발한다. 걸을 때는 몸의 모든 부분이 이완되게, 그리고 보폭과 리듬을 맞추어 호흡한다. 점점 속도를 늘여 숨이 가쁠 정도까지 걷는다. 그런 다음 다시 천천히 걷는 속도를 낮추었다가 높이기를 반복한다. 산림욕은 무작정 걷는 것이 아니라 숲과 일치하고 교감하는 활동이다. 숲이 아름다운 곳에서는 감상하고 아름다운 새 소리에 귀를 기울이는 것이 산림욕이다. 산림욕의 걷기와 같은 동적 활동은 몸을 건강하게 하고, 감상과 같은 정적 활동은 정신과 마음의 건강을 가져온다.

Q. 산림욕을 할 때 호흡은 어떻게 하는 것이 좋은가?

A. 숲에는 깨끗하고 맑은 공기가 풍부하게 존재한다. 도심에서 공해와 먼지에 시달린 폐를 말끔히 씻어주는 느낌으로 심호흡을 많이 하자. 배로 호흡하는 복식호흡이 좋다. 배로 호흡한다는 것은 최대한 가슴을 팽창시켜 들이쉬고, 다시 배로 내쉼을 의미한다. 이렇게 하면 호흡량을 최대로 늘릴 수 있다. 숨을 들이쉴 때는 코로, 숨을 내뱉을 때는 입으로 한다. 코로 숨을 쉰다는 것은 적당한 습기와 온도를 가진 산소를 폐로 들여보냄을 의미한다.

호흡의 편안한 리듬을 위해서 들이쉴 때 1, 2, 3, 4를 세고, 내 쉴 때 1, 2, 3을 세어보자. 또한, 한 걸음걸이마다 한번 호흡하는 것을 맞추어 본다. 빠르게 걸을 땐, 숨을 들이 쉴 때 한 걸음, 내쉴 때 한 걸음을 걷는다.

제안7. 자투리 시간을 활용한다

점심을 일찍 먹고 30분의 여유가 있다든지, 예정된 시간보다 회의가 일찍 끝나 시간이 여유 있다면 이런 시간을 이용에 근처의 공원이나 숲에서 산림욕을 할 수 있다.

제안8. 동반자를 구한다

친구나 가족과 함께 산림욕을 한다면 관계를 돈독하게 할 뿐만 아니라 혼자보다 더 충실히 스케줄을 지킬 수 있는 일석이조의 효과를 얻을 수 있다.

산림욕과 날씨

산림욕은 기후와 지형이 다양하고 또한 변화가 심한 야외에서 이루어지는 활동이기 때문에 철저한 대비를 하지 않으면, 안전에 큰 영향을 받을 수 있다. 산림욕을 하면서 가장 염두에 둘 부분은 몸의 체온을 일정하게 유지하는 것이다. 우리의 몸은 잘 알고 있듯이 36.5℃로 유지하게끔 되어 있다. 그러나 날씨의 변화가 심하고 외부의 기온이 체온과 차이가 큰 여름철과 겨울철에 신경을 쓰지 않으면 일정한 체온을 유지하기 어렵다.

전문가들에 의하면 우리가 가진 에너지를 100%로 봤을 때 산을 오를 때 30%, 내려올 때 40%를 사용하고 나머지 30%는 집에 올 때까지 보존을 하는 것이 산행을 잘하는 것이라고 한다. 30%의 에너지를 남기는 것은 산에서는 항상 산악기후와 산악환경으로 인한 변화가 생길 수 있고, 우리들 자신의 내부의 취약성이 노출되어 위험에 처해질 수 있기 때문에 30%의 체력과 에너지의 여유를 가지고 산행을 해야 한다는 것이다.

산림청이 추천하는 안전산행 수칙

등산 중에 발생할 수 있는 만일의 산악사고를 예방하고 안전한 산행을 하기 위해서는 사전에 철저한 계획과 빈틈없는 준비가 필요하다. 산행 중에는 등산에 대한 정확한 지식과 판단, 능숙한 기술 그리고 경험을 넓혀 위험한 상황에 신중하게 대처할 수 있어야 한다.

또한, 사고가 났을 때 곧바로 대처할 수 있도록 응급처치 요령을 기본적으로 알아야 하며, 산행을 위해 알맞은 옷과 식량 등을 항상 가지고 다니면서 기상 변화와 부주의로 생길 수 있는 각종 위험에 대비해야 한다. 게다가 안전을 위해서 항상 가지고 다녀야 할 구급 약품, 비상식량, 물통, 나침반, 헤드 랜턴 등 개인 장비들을 준비하는 것도 잊어서는 안 된다. 등산 중에 발생할 수 있는 산악사고를 예방하고 안전한 산행을 하기 위해서는 다음과 같은 기본적인 수칙을 반드시 지켜야 한다.

1. 등산하기 전에 등산로나 날씨 등 필요한 정보를 충분히 수집하라

등산하기 전에 산에 대한 정보를 사전에 충분히 파악해야 한다. 자신의 경험과 체력수준에 맞추어 무리 없이 오를 수 있는 산을 선택하고 이용하고자 하는 등산로가 통제되는지를 확인하여야 한다. 산행에 소요되는 시간, 위험 구간, 식수를 구할 수 있는 곳 등 필요한 정보를 미리 파악하고, 산행일정을 세우는 것도 잊지 말아야 한다. 또한, 등산하는 당일과 전 · 후일의 날씨도 반드시 확인하여 날씨가 어떻게 변할지를 파악해 두어야 한다.

2. 산행에 알맞은 장비, 의복, 식량을 준비하고 체온유지에 신경을 써라

수시로 날씨가 변하는 산에서는 방수기능이 있는 재킷이나 우의를 준비하고, 체온을 유지할 수 있는 여분의 옷을 준비해야 한다. 산행하다 쉬는 동안 방풍의를 입어 최대한 체온 유지에 신경 써야 한다. 등산 중에 물과 음식을 한꺼번에 너무 많이 먹거나 마시지 말고 조금씩 자주 먹거나 마시도록 한다.

계절과 산행목적에 맞는 장비를 갖추고, 장비에 어떤 문제가 없는지 미리 점검해야 한다. 또한, 산행 중 길을 잃거나 기습 폭우로 고립되는 등 만일의 사태에 대비하여 초콜릿, 미숫가루 등 비상식량을 준비해야 한다. 안전을 위해서 꼭 가지고 다녀야 할 방수방풍의 여벌 옷, 헤드랜턴, 비상식량, 통신수단, 지도, 나침반, 의약품 등을 반드시 챙겨 만일의 경우를 항상 대비해야 한다.

3. 위급 상황 시 필요한 통신수단을 준비한다

아무리 쉬운 산행이라도 혼자보다는 둘 이상이 함께하는 것이 좋으며, 산행 전에 가족들에게 산행지와 코스를 알려주는 게 좋다. 산행준비를 잘해도 운행 중에 위급 상황이 발생할 수 있다. 위급 상황을 외부에 알릴 수 있는 무전기, 휴대폰 등을 준비하고 산행 전 충분히 충전하거나, 여분의 배터리를 챙기는 것도 잊지 말아야 한다.

4. 짐은 적게 하고, 손에 물건을 들지 마라

짐은 꼭 필요한 것만 가지고 가고, 산행 시에는 손에 물건을 들지 말아야 미끄러지거나 위험한 상황에서 대처할 수 있다. 또한, 썩은 나뭇가지, 풀, 불안정한 바위 등을 손잡이로 사용할 경우 위험한 상황에 처할 수 있으므로 주의를 기울여야 한다. 배낭을 가볍게 잘 꾸리고 손에는 가능하면 어떠한 물건이라도 들지 않는다. 산에서 가장 무서운 적은 배낭의 무게이다. 가급적 자기 체중의 1/5~1/4 정도로 가볍게 꾸리도록 한다.

5. 자신의 체력과 능력을 과신하지 마라

산행할 때 무리하지 않도록 해야 한다. 자신의 체력과 등산기술을 과신해서 무리한 산행을 하게 되면 체력저하나 잠복해 있던 질환으로 위급한 상황을 맞을 수 있다. 산에 오르기 전에는 근육이 놀라지 않도록 땀이 약간 밸 정도로 스트레칭을 하는 등 먼저 근육을 충분히 풀어주어야 한다. 산에서는 걷는 것 못지않게 쉬는 것도 중요하므로 완만한 산행에서는 대략 1시간에 한 번 정도 휴식을 취하고, 휴식시간은 대략 5~10분 정도로 한다.

6. 해지기 1시간 전에는 산행을 마쳐라

산행 전 일출과 일몰 시각을 미리 확인하고, 산행은 가능하면 아침 일찍 시작하고 해지기 1시간 전에 마쳐야 한다. 전문가이더라도 깜깜한 밤에 랜턴 빛만으로 산행할 때 위험한 상황에 부닥칠 수 있다. 만일의 경우를 대비해 헤드 랜턴과 여분의 건전지를 항상 가지고 다녀야 한다.

산림청 추천 산행 원칙

1. 등산하기 전에 등산로나 날씨 등 필요한 정보를 충분히 수집하라
2. 산행에 알맞은 장비, 의복, 식량을 준비하고 체온유지에 신경을 써라
3. 위급 상황 시 필요한 통신수단을 준비한다
4. 짐은 적게 하고, 손에 물건을 들지 마라
5. 자신의 체력과 능력을 과신하지 마라
6. 해지기 1시간 전에는 산행을 마쳐라
7. 산행시간은 8시간을 넘지 말고, 긴급상황을 대비하여 체력의 3할을 남겨두라
8. 일행 중 가장 느린 사람을 기준으로 움직여라
9. 지도를 휴대하고 수시로 위치를 확인하라
10. 건조한 날씨에 산불을 조심하라

7. 산행시간은 8시간을 넘지 말고, 긴급상황을 대비하여 체력의 3할을 남겨두라

가능한 하루 8시간 이상 무리해서 산행하지 말고, 최소한 자신의 체력의 3할은 남겨두어야 만일의 긴급상황에 대처할 여력이 있다.

8. 일행 중 가장 느린 사람을 기준으로 움직여라

여러 사람이 함께 등산할 경우에는 일행 중 가장 처지는 사람을 기준으로 산행을 해야 한다.

9. 지도를 휴대하고 수시로 위치를 확인하라

비록 평소에 잘 알고 있는 산일지라도 지도를 반드시 지참하도록 한다. 리더가 있는 그룹 등산이라 하더라도 지도 없이 등산하는 것은 위험하다. 그리고 자신의 현재 위치를 수시로 파악해 체력을 안배하고 산행속도를 조절할 필요가 있다. 만약 일행과 떨어져서 길을 잃었을 때는 반드시 지도를 확인하도록 한다. 길을 잘못 들었다고 판단되면 빨리 되돌아서야 한다.

10. 건조한 날씨에 산불을 조심하라

대기가 건조하여 산불이 날 수 있는 계절에 입산 시에는 성냥, 담배 등 인화성 물질을 가져가면 안 된다. 취사하거나 모닥불을 피우는 행위는 허용된 지역에서만 해야 한다. 산행 중 산불을 발견했다면 신속히 산림관서(042-481-4119) 또는 소방관서(119) 등에 신고해야 한다. 만약 불길에 휩싸일 경우 당황하지 말고 침착하게 주위를 확인하여 화세가 약한 곳을

찾아 몸을 피하고, 바람의 방향을 확인하여 가급적 빨리 산불의 진행경로에서 벗어나도록 해야 한다. 〈출처: 산림청 숲에 On, 등산정보(http://www.foreston.go.kr/contents/ view. action?mi=10107&si=30035)〉

더운 날씨에서의 산림욕

더운 날씨, 즉 높은 기온은 산림욕에 있어 가장 큰 위험요인의 하나이다. 더운 날씨는 심리적으로 사람들을 불쾌하게 만들거나 몸의 상태를 약하게 만든다. 우리 몸은 일정한 체온을 유지하기 위해 날씨가 더우면 쿨링 시스템을 작동한다. 즉, 땀을 흘려 체온을 식히는 것이 대표적인 쿨링 시스템이다. 그러나 더위가 심해지면 이런 쿨링 시스템의 작동이 효과적이지 못하다. 우리 몸의 자체 쿨링 시스템의 한계를 벗어났다는 말이다. 이럴 때에 즉, 더위로 인해 몸이 심각한 상태에 이르렀을 때 증상이 일사병과 같은 위험한 상태까지 초래한다.

더운 날씨에서는 몸의 수분 상태의 균형을 유지시키는 것이 또한 중요하다. 여름철에는 특히 충분한 양의 물을 휴대하고 산림욕 중에 자주 마시도록 한다. 목이 마르지 않더라도 자주 마시는 것이 필요한데, 이미 갈증이 있다는 것은 몸에 수분 결핍이 생겼다는 것을 의미한다. 또한, 습도가 높아졌을 때는 체감온도가 훨씬 높아진다(표9 참조).

표9 – 체감온도와 가능한 위험

체 감 온 도	무리한 산림욕이 초래할 수 있는 가능한 위험
18 – 32℃	피로, 수분 결핍 등
32 – 41℃	열에 의한 경련, 탈진
41 – 54℃	열에 의한 경련, 탈진, 일사병
54℃ 이상	일사병

더운 날씨에서의 옷차림

여름철 날씨가 더워져 기온이 올라가면 옷을 벗고 싶어진다. 그러나 오히려 옷을 입는 것이 체온을 낮추고 또한 위험한 햇살로부터 몸을 보호한

표10 – 실제 온도와 상대 습도에서의 체감온도와의 관계(℃)

	실제 온도										
	20	23	26	29	32	35	38	41	44	47	50
상대습도	체감 온도										
0%	17	20	22	25	28	31	33	35	38	40	43
10%	17	20	23	26	29	32	35	38	41	45	48
20%	18	21	24	27	30	34	37	41	45	50	55
30%	18	22	25	28	32	36	40	45	51	58	65
40%	19	22	25	30	34	38	44	51	59	67	
50%	19	23	27	31	35	42	49	58	67		
60%	20	24	27	32	38	46	56	66			
70%	20	24	29	33	41	51	63				
80%	21	25	29	36	45	58					
90%	21	25	30	38	50						
100%	21	26	32	42							

다. 기온이 올라갔을 때는 다음과 같이 옷을 입는 것이 좋다.

- 우리가 일반적으로 알고 있는 것과 다르게 면제품의 옷이 최선이 아니다. 면은 땀을 흡수하여 유지하기 때문이다.
- 더운 날 땀을 흡수한 면제품 옷을 입고 산림욕을 계속하면 몸에서 땀의 증발 작용을 억제시켜 체온을 낮추지 못하게 한다. 특히 습도가 높은 날씨엔 이런 현상이 더 심해진다.
- 면제품의 옷은 땀을 흡수했을 땀의 소금기와 혼합되어 옷감의 부드러움을 없앤다. 따라서 피부 마찰을 일으킬 우려가

있다.

- 오히려 더운 날씨엔 나일론이나 폴리에스터 제품의 옷이 더 나을 수 있다. 이들 제품은 몸의 땀을 빨리 전달해서 증발시킴으로 몸의 체온을 낮추고 건조하게 한다. 증발이 빠르면 빠를수록 몸의 체온을 낮추는 데 효과적이다.
- 가벼운 색깔의 옷들이 햇빛의 흡수를 적게 해서 몸의 체온을 유지하는데 효과가 있다.
- 쿨맥스 같은 옷감은 더위에서 몸을 보호하고 체온을 유지시켜주는데 효과가 있다.
- 창 있는 모자를 써라. 열과 직사광선으로부터 머리를 보호해준다.

추운 날씨에서의 산림욕

겨울철의 산림욕은 특별하다. 많은 사람들은 겨울 산림욕이 불가능하리라 생각하지만 의외로 겨울의 산림욕은 심리적 효과뿐만 아니라 육체적인 건강에도 큰 도움을 준다. 겨울의 숲은 다른 계절과 달리 자신만의 세계를 가질 수 있는 특권을 갖는다. 많은 사람들이 찾지 않아 혼자만일 경우가 많기 때문이다. 또 겨울의 숲은 침묵의 소리를 들을 수 있다. 자연이 주는 침묵의 소리는 직접 경험해 보지 않고는 느낄 수 없는 특별함이 있다. 그래서 겨울 숲은 자신을 돌아보기 좋은 장소이다.

그런데 겨울 산림욕을 할 땐 여러 가지 조심하고 준비해야 할 것들이 많다. 겨울철은 다른 계절과 달리 강한 바람과 기온의 급강하, 폭설, 눈사태 등 산행의 위험 요소들이 많기 때문에 안전에 위협이 있기 때문이다. 그러므로 겨울철엔 항상 일기예보를 참조해서 철저히 준비 후 산림욕을 하는 것이 중요하다. 또한, 산 위로 올라갈수록 태양에 의해 덥혀진 지표에서

표11 – 바람과 체감온도의 관계(℃)

	실제 온도								
	4	–1	–7	–12	–18	–23	–29	–34	–40
바람속도(km/h)	체감 온도								
8	2	–4	–9	–15	–21	–26	–32	–37	–43
16	–1	–9	–15	–23	–29	–37	–43	–51	–57
24	–4	–12	–21	–29	–34	–43	–51	–57	–65
32	–7	–15	–23	–32	–37	–46	–54	–62	–71
40	–9	–18	–26	–34	–43	–51	–59	–68	–76
48	–12	–18	–29	–34	–46	–54	–62	–71	–79
56	–12	–21	–29	–37	–46	–54	–62	–73	–82
64	–12	–21	–29	–37	–48	–57	–65	–73	–82

멀어지기에 기온이 떨어진다(100m 올라갈 때마다 0.5℃~1.0℃씩). 또한, 초속 1m의 바람이 불면 1.6℃도 씩 사람이 느끼는 체감온도를 떨어뜨린다(표11 참조).

추운 날씨에서의 주의할 점

- 머리는 체온조절의 30~50%를 담당하고 있다. 추울 때는 모자를 써서 몸의 열 손실을 방지한다.
- 충분히 준비 운동을 하고 편안한 속도를 유지한다. 평소보다 느리게 걷는다.
- 빙판길이나 미끄러운 길을 걸을 때는 보폭을 짧게 하여 걷는다. 눈이나 얼음길엔 아이젠을 착용한다.
- 휴대전화를 가지고 간다.
- 바람이 불면 체감온도는 급격히 강하한다.
- 눈이나 얼음길을 걸을 때는 초반에 근육이 긴장되어 통증이 올 수가

있다.

- 노출되는 피부는 옷이나 목도리, 또는 얼굴 크림으로 가린다.
- 걷는 동안 물을 마신다. 10분 정도에 한 모금씩 마신다.
- 바람막이를 입는다.
- 갑자기 걷는 속도를 높이거나 또는 낮추지 않는다.

추운 날씨에서의 옷차림

어느 때건 마찬가지지만 체온을 항상 36.5℃로 유지하는 것이 중요하다. 외부의 기후와 몸의 체온이 36.5℃로 유지하도록 하기 위해서는 옷을 수시로 입고 벗는 것이 좋다. 이렇게 하기 위해서는 속옷, 보온 옷, 그리고 겉옷을 입는 레이어링 시스템이 필요하다. 속옷은 땀 흡수와 빠른 건조기능, 보온 옷은 보온과 통풍성, 그리고 겉옷은 외부의 악조건을 막아주는 기능(방풍/방수 등)을 한다. 재킷과 바지는 바람을 막아주고 눈에도 젖지 않는 고어텍스나 엔트란트, 쉴러 등 방수, 투습 기능이 좋은 제품이 적합하다. 또한, 가죽 장갑, 스패츠, 아이젠과 더불어 눈보라가 칠 것에 대비해 털모자와 이어밴드, 바라클라바 등도 준비한다.

MILLET
MILLET

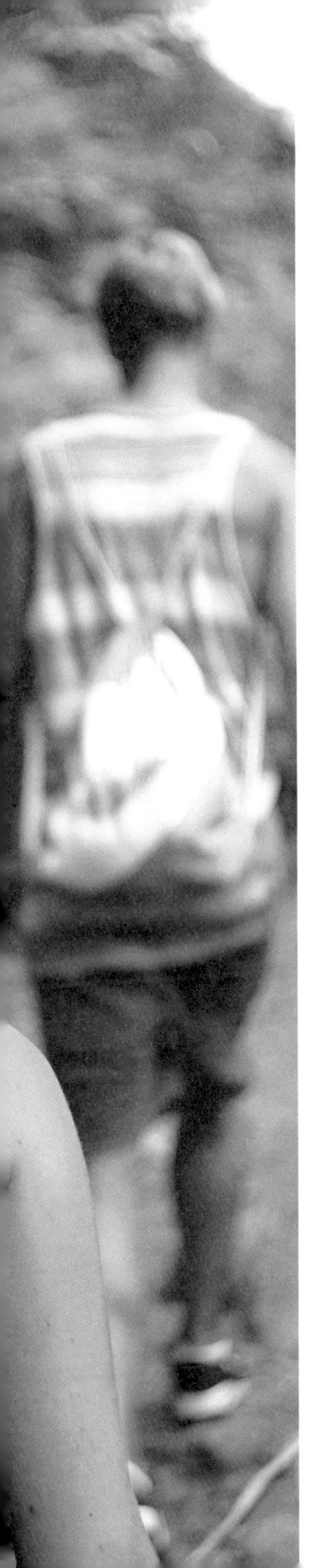

계절과 상황에 따른 등산 복장

하계 산행 복장 : 폴리에스터 티셔츠, 나일론 반바지, 게이터

서늘한 날씨 산행 복장 : 가벼운 폴리에스터 내복

추운 계절 캠프 복장 : 폴리프로필렌 모자, 울 스웨터, 폴리프로필렌 장갑

동계 캠프 복장 : 폴리에스터 플리스 바라클라마, 폴리에스터 플리스 재킷, 울 미튼, 폴리에스터 플리스 바지

비, 바람 부는 날씨의 복장 : 고어텍스 모자, 고어텍스 겉옷, 나일론+폴리우레탄 코팅 바지

출처: 대한산악연맹

산림욕과 숨쉬기 - 숲에서 올바른 호흡법

숨을 쉰다는 것은 살아있음을 의미한다. 우리 몸의 구석구석, 즉 말단의 세포까지도 산소가 공급되어야만 그 역할을 할 수 있기 때문이다. 이렇게 중요한 숨쉬기 즉, 호흡을 우리는 왜 잘 인식하지 못하고 살아가는 것일까? 이는 너무 기본적이고 또 의식하지 않아도 우리 몸이 자동으로 호흡을 하기 때문일 것이다.

왜 숨을 쉬어야 하나?

우리는 하루에 약 2만 8천 번 정도의 호흡을 한다고 한다. 그러므로 올바른 호흡을 해야만 건강을 잘 지킬 수 있다. 명상가이며 승려인 구나라타나(Gunaratana)는 그의 저서 《Mindfulness in Plain English》에서 "호흡은 모든 사람에게 아주 공평하다. 우리가 누구이든, 어디를 가든 또 무엇을 하든 호흡을 해야 하며, 태어나서 죽을 때까지 쉬지 않는다"라고 표현하고 있다.

숲은 호흡하기에 최적의 장소다. 코로 숨 쉬는 호흡과 피부가 숨 쉬는 피부호흡에도 최적지이다.

그러면 왜 숨을 쉬어야 할까? 너무도 기본적이고 단순한 질문이라서 오히려 답하기 어려울지 모른다. 가장 기본적인 이유는 우리 몸이 필요한 산소를 공급받고 몸에서 만들어진 이산화탄소를 뱉어내기 위해서이다. 우리가 숨 쉬는 공기 중에는 약 21%의 산소가 포함되어 있다. 그리고 우리가 내뱉는 숨에는 약 18%의 산소가 포함되어 있다. 우리 몸은 약 3%의 대기 중 산소를 이용하는 셈이다. 반면 우리가 숨을 쉬는 공기에는 약 0.04%의 이산화탄소가 있고 내뱉는 숨에는 우리가 어떤 활동을 하느냐에 따라 약 3.5~5%의 이산화탄소가 포함되어 있다. 이런 우리 몸의 산소와 이산화탄소의 교환 작용이 호흡이며, 이것이 우리의 생명을 이어준다.

그런데 이 중요한 호흡을 많은 사람들은 제대로 하지 못하고 있다. 예를 들어 우리가 놀라거나 또는 화가 치밀었을 때를 생각해 보자. 이런 감정들은 호흡을 정상적으로 하지 못하게 하거나 또 숨 쉬는 것을 어렵게 만든다. 우리가 이런 부정적인 감정에 휩싸여 있을 때는 가슴이나 복부의 근육이 긴장된다. 따라서 깊은 호흡을 하지 못하게 하고 가쁘게 그리고 얕은 숨을 쉬게 한다. 또 이런 빠르고 얕은 호흡은 혈액 속에 낮은 이산화탄소를 갖게 하고 따라서 혈액의 헤모글로빈(hemoglobin)이 우리 몸의 구석까지 산소 공급을 제대로 하지 못하게 한다. 이런 상태는 더욱 우리를 긴장과 우려 속에 빠지게 하고, 더 나쁜 호흡을 하게 하며 결국에는 숨을 제대로 쉬지도 못하는 상태까지 오게 한다. 이것이 바로 공황상태이다. 응급실의 의료진들에 의하면 공황상태의 대부분은 이러한 심리적 요인에 의한 호흡의 불안정 때문이라고 한다.

우리는 일반적으로 산소를 몸에 흡입하기 위해 호흡을 한다고 생각한다. 그러나 실제로는 혈액 속에 이산화탄소의 농도가 우리의 호흡을 좌우한다고 생리학자들은 말한다. 즉, 혈중에 이산화탄소가 많으면 이것이 호흡을 내쉬게 하고 이 요소가 호흡을 조절하는 중요한 작용을 한다는 것이다. 이와 같은 사실은 산소를 흡입하는 들숨보다는 이산화탄소를 내뱉는 날숨이 더 중요하다는 사실을 말해준다.

우리 몸이 호흡을 통해 신체의 각 기관에 산소를 공급하는 역할은 혈액의 헤모글로빈이 맡는다. 헤모글로빈은 우리의 피를 붉게 만든다. 보통 혈액 속에 있는 헤모글로빈의 95% 정도가 산소를 운반한다. 그런데 산소를 운반하는 헤모글로빈의 수가 70% 이하로 떨어지면 청색증이 나타나거나 얼굴이 백지장같이 하얘지는 것을 볼 수 있다.

호흡과 건강

많은 연구들이 호흡과 건강, 특히 면역 강화와의 관련에 대하여 연관

호흡의 세 가지 유형

1. 어깨(쇄골)호흡

아주 얇은 호흡으로 가장 경계하여야 할 호흡 방법이다. 이 호흡은 어깨 또는 빗장뼈 위쪽에서 나온다. 사람이 공황상태에 빠지거나 폐기종 같은 질병에 걸렸을 때 호흡을 제대로 못 하면 이렇게 숨을 쉰다. 일반적으로 횡격막이 숨을 들이쉬게 만드는데, 횡격막이 좁아지면서 폐가 팽창하고 공기가 기도를 통해 들어간다. 횡경막이 약하거나 폐 질환 등이 있을 때, 이 횡격막의 역할을 목이나 쇄골에 있는 근육이 하게 된다. 그래서 생기는 호흡이 쇄골호흡이다.

2. 가슴(흉식)호흡

가슴으로 하는 호흡은 보통 사람들이 숨 쉬는 방법이다. 이 호흡을 할 때는 주로 가슴이 위로 움직인다. 우리가 잘 느끼지는 못하지만, 이 흉식호흡은 우리 몸과 마음을 충분히 이완시키지 못하고 따라서 몸의 면역 시스템을 불완전하게 한다.

3. 복식호흡

복식호흡은 가장 이상적인 호흡이다. 따라서 우리는 항상 복식호흡을 할 수 있도록 노력해야 한다. 복식호흡이란 말 그대로 숨을 들이마실 때 배가 나오는 호흡법이다. 쉽게 우리가 복식호흡을 하고 있는지 알 수 있는 방법이 있다. 평소처럼 숨을 크게 한 번 쉬어 자신의 호흡을 체크해보자. 숨을 들이쉴 때 배가 들어간다면 흉식호흡, 배가 나온다면 복식호흡을 하고 있는 것이다. 복식호흡을 하게 되면 몸과 마음이 이완되고 깊은 호흡을 할 수 있게 된다. 복식호흡에 대해서는 다른 장에서 더 자세히 알아보도록 한다.

이 있다는 결론을 내리고 있다. 예를 들어, 폐 기능의 약화는 백혈구 수, CRP(염증 수치)나 TNF-α(백혈구에서 생성되는 단백질로 감염이나 암에 반응하는 면역 시스템)와 같은 체계적인 면역 기능에 지대한 영향을 초래한다는 것이다. 또한, 29년간의 장기 추적 조사한 연구 결과에 따르면, 호흡 기능과 폐 질환이 남녀를 불문하고 장기 생존의 대표적인 예보 인자라고 한다.

호흡은 심리적/정신적 건강에도 큰 영향을 미친다. 우리 몸의 자율신경 체계는 호흡의 과정을 관할한다. 그래서 우리가 의식하지 않아도 호흡을 할 수 있다. 이런 호흡과 신경의 직접적인 관계를 잘 이해하면 보다 긍정적이고 조화로운 정신적/심리적 안정을 누릴 수 있다. 일본에서 수행된 연구에 의하면 깊고 편안한 복식호흡 중에는 뇌파 역시도 안정된 패턴으로 발산된다고 한다. 뇌파는 우리의 심리 및 정신 상태를 나타내는 대표적인 생리적 인자로서 복식호흡을 통해 정신적/심리적 안정은 더욱 많은 알파파(안정되고 편안한 상태에서 발산되는 뇌파)의 발산을 가져온다고 이 연구는 밝히고 있다.

《호흡의 비밀(Secrets of Optimal Breathing)》의 저자 와이트(White)는 보다 광범위한 호흡의 건강 효과를 주장하고 있다. 호흡은 인체의 호흡기 시스템뿐만 아니라 순환기 시스템, 신경계, 소화계, 내분비계, 비뇨기, 피부, 정신, 그리고 관절에 이르기까지 영향을 미치지 않는 곳이 없다는 게 그의 책에서 주장하는 내용이다.

표12 – 올바른 호흡이 인체에 미치는 효과

신체기관	점수
호흡기	– 에너지의 충전 – 정신적, 육체적 피로 경감 – 근육 긴장에 의한 가슴 통증 완화 및 이에 따른 심장 마비 가능성 저하 – 천식과 같은 호흡기 장애 극복 – 인공 자극 및 위험한 약물 처방의 필요성 감소 – 편하고 깊은 호흡을 함으로써 정서의 안정과 맑은 정신, 대처 능력 배양, 긍정적 에너지의 제고, 자아에 대한 가치 제고 – 노폐물질 제거
순환기	– 혈액 순환의 개선 – 산소 공급을 원활케 하여 신체 각 부위 및 장기의 기능을 원활케 함 – 심장에 산소 공급을 충분히 해줌으로 긴장을 완화 – 근육과 골절에 혈액과 영양의 공급을 원활케 함
신경계	– 신경계를 안정시킴 – 전신에 영향을 주는 미세 에너지 시스템을 작동케 하고 균형을 잡게 함
소화계	– 횡격막 움직임이 장기를 마시지하는 효과를 주어 기능을 원할케 함
내분비계	– 몸 전체를 통해 림프의 움직임을 도와 체내의 해독과 면역력을 강화
비뇨기	– 호흡을 통해 분비액을 없앰으로써 부종을 제거함
피부	– 피부의 산소 공급을 원활케 해 주름을 방지
몸, 마음과 정신	– 깊은 이완 – 자신의 깊은 자아와 연대감을 가짐 – 친절과 사랑하는 마음의 제고
움직임	– 근육 경련을 안정시키고 긴장을 풀어줌 – 관절의 유연성을 높여줌(호흡을 편하게 할 때 움직임도 편해짐) – 근육 뭉침의 방지

출처: 〈Secrets of Optimal Breathing manual〉

숲은 깨끗한 공기, 풍부한 산소가 많아 호흡의 최적지이다.

숲이 왜 호흡의 최적지인가?

숲에는 깨끗한 산소가 풍부하다. 일반적으로 도심의 공기 중에는 산소가 약 20.9% 정도가 포함되어 있고, 실내나 지하실에는 18~19% 정도 차지한다. 나무와 풀들이 탄소동화작용을 하는 숲에는 물론 더 많은 산소가 존재한다. 도심보다 약 2% 정도 더 존재한다는 것이 연구자들의 조사 결과이다. 과학자들이 시뮬레이션으로 조사한 바에 의하면 15년생 한 그루의 나무는 어른 5명이 토해내는 이산화탄소를 흡수한다고 한다. 이런 나무가 모여 1ha가 되면 16톤의 탄산가스를 흡수하고 12톤의 산소를 만들어 내는데 이 산소로 매년 어른 45명이 숨 쉴 수 있다고 한다.

숲의 공기는 양뿐만이 아니라 질 역시도 도심의 그것과는 확연한 차이가 있다. 도시에서는 수많은 오염 물질과 먼지로 인해 공기의 질이 좋지 못하다. 하지만 숲에는 나무, 나뭇가지, 나뭇잎 등이 먼지를 걸러주는 역할을 하므로 공기가 청정하다. 실제로 숲이 먼지를 걸러내는 효과는 풀밭의 100배나 되며, 잎이 넓은 활엽수 숲 1ha는 매년 무려 68톤의 먼지를 걸러낸다고 한다. 또한 1ℓ의 도시의 공기 속에는 10만~40만 개의 먼지가 있는 반면 숲속의 공기에는 수천 개에 불과하다는 것이다.

그렇다면 숲이 호흡하기 최적의 장소라는 것은 두말할 필요가 없다. 코로 숨 쉬는 호흡에는 물론이지만 피부가 숨 쉬는 피부호흡에도 숲은 최적지이다. 숲에서는 의식적으로 깊게 그리고 도심에서의 찌꺼기를 모두 내뱉는 심호흡을 하자. 그러면 숨을 통해서 온갖 걱정과 근심은 사라지고 새로운 에너지와 기쁨이 충전될 것이다.

숲에서의 올바른 호흡 방법

호흡의 중요성과 건강과의 관계를 살펴보았으니 이젠 어떻게 숨을 쉬어야 올바른 호흡이 되는지를 알아보자. 아래의 호흡법은 '건강을 지키는 좋은 호흡법'(네이버 지식iN)을 참조하였다.

1. 편안한 자세를 취한다

호흡에서의 자세는 특별히 중요하지 않다. 편안한 자세를 취하면 된다. 깊은 심호흡 또는 복식호흡을 처음 하면 아무래도 힘이 들게 마련이고 따라서 몸이 긴장하게 되므로 가장 편안한 자세를 취하는 것이 좋다. 등을 똑바로 펴고 좌우 어느 쪽으로도 기울지 않으며 등뼈가 자연스러운 곡선을 그리는 상태다. 바르고 깊게 호흡하면 저절로 바른 자세가 나온다.

2. 내쉬는 숨이 중요하다

보통 숨은 들이쉬는 것이 중요하다고 생각하는 데 그 반대라고 한다. 심호흡에서는 내쉬기가 먼저다. 그래야 많은 공기를 마실 수 있다. 크게 내쉬는 심호흡은 횡격막이나 복근 등 호흡근육군도 단련시킨다고 한다.

3. 코로 호흡한다

흔히 입으로 숨을 들이마시는 호흡은 해롭다. 요가 같은 전통 호흡법에서도 들이마시는 숨은 거의 다 코로 한다. 내쉴 때 주로 입으로 할 뿐이다.

4. 복식호흡을 한다

겉보기에는 배가 앞뒤로 움직이지만, 횡격막이 아래위로 움직이는 호흡이다. 가슴이 아니라 배를 부풀어 오르게 한다. 코를 통해 천천히, 깊게 숨을 들이마시면서 배를 내민다. 복식호흡의 포인트는 들숨보다 날숨을 2배 정도 길게 하는 것이다. 만약 3초간 숨을 마셨다면 6초간 숨을 뱉는 식이다.

5. 걸을 때 동작에 맞춰 호흡한다

숲에서 걸을 때 호흡의 중요성을 간과하기 쉽다. '마시고 마시고, 내쉬고 내쉬고' 또는 '마시고 내쉬고, 마시고 내쉬고'처럼 동작에 맞춰 규칙적으로 숨 쉬는 것이 중요하다. 숲길을 걷는 것과 같은 운동, 특히 오르막길 같은 곳을 걷는 것은 자연스럽게 심호흡을 하게 하여 온몸으로 산소를 잘 전달시킨다.

6. 호흡을 의식하고 집중해보자

들이쉬고, (안정), 내쉬고, (안정). 이 호흡의 네 단계를 생각하고 호흡한다. 숨을 깊게 들이쉴 때 "에너지"란 단어를 생각한다. 또 내쉴 때는 "릴렉스"란 단어를 생각한다. 또 실제 숨 쉴 때 그 단어를 소리 내어 본다. 호흡에 의식이 집중될 것이다.

숲에서 심호흡의 연습

심호흡은 몸과 마음을 이완시키는 가장 좋은 방법이다. 심호흡은 자율신경 중에서 안정과 이완에 관여하는 부교감신경과 밀접한 관련이 있다. 화가 날 때 호흡을 '씩씩거린다'라고 표현하는 이유가 심호흡이 아니고 얕은 호흡이 되기 때문이다. 반대로 분노가 일거나 초조할 때 심호흡을 하라는 이유가 심호흡을 통해 부교감신경을 활성화시켜 몸과 마음이 이완되기 때문이다. 명상에서 심호흡을 중요하게 다루는 이유가 바로 부교감신경을 활성화시켜 집중이 이루어지기 때문이다.

- 숲의 적당한 장소에서 편안한 자세로 앉거나 눕는다. 앉았을 때는 상체를 세워 척추를 곧게 한다.
- 오른손 검지를 이마에 대고 엄지와 중지로 코를 쥔다.
- 천천히 '하나, 둘, 셋, 넷'을 마음속으로 세면서 숨을 깊게 들이마신다.
- 엄지와 중지로 코를 꽉 쥐어 숨이 나오지 못하게 하고, 마음속으로 '하나, 둘… 열둘'까지 셀 동안 숨을 참는다.
- 마음속으로 '하나에서 여덟'까지 세면서 입으로 천천히 숨을 내쉰다.
- 몇 번을 반복하면서 들숨과 날숨의 패턴을 익힌다.
- 다음에는 오른손을 코에서 떼고 들숨, 정지, 날숨을 연습한다.

3장

숲속 운동과 숲속 체조

숲에서의 운동과 체조

숲에서는 흥미롭고 자연스럽게 운동할 수 있다. 운동은 억지로 해서는 안 된다. 몸에 좋으니까 할 수 없이 해야지 하는 마음으로 운동하면 몸에 큰 도움이 되지 않을뿐더러 작심삼일이 되기에 십상이다. 그러나 숲에 가면 자연스럽게 운동이 된다. 오르막 내리막을 적당히 걷다 보면 힘들이지 않고 재미있게 운동 효과를 볼 수 있다.

숲은 다양한 자극 거리와 지형으로 재미있게 운동할 수 있는 천연의 헬스클럽이다. 운동 효과 면에서도 숲에서 걷기만큼 효율적인 것이 없다. 자연스럽게 강약이 조절되기 때문이다. 호주에서 발표된 연구 결과를 보면, 강도 높은 운동을 장시간 계속하는 것보다 중간중간 강약을 조절하면서 하는 운동이 훨씬 더 효과적이라고 한다.

숲을 걷다 보면 낙엽이 쌓인 길이나 부드러운 흙길도 있다. 이런 길은 신발을 신고 걸어도 발바닥이 폭신하지만 이런 곳에서 제대로 즐기려면 신발과 양말을 벗고 맨발로 걸어보자. 맨발로 걷는 것은 숙면, 소화기 계통 강화, 변비 해소 등에 아주 효과가 좋다.

숲속 걷기(길이, 경사도, 시간, 속도)

맨발로 걸으면 마사지 효과로 우리의 몸과 마음이 이완되며 혈액순환이 잘된다. 또한, 장에 자극을 주어 소화와 배변 활동을 돕는다. 특히 변비로 고통을 겪는 사람들에게 권할 만한 방법이 숲길 맨발 걷기이다. 그러나 맨발 걷기는 30분 이상 하면 몸에 무리가 오기 쉽다.

특히 당뇨가 있는 사람은 피부가 연약하므로 조심해야 한다. 임산부에게도 맨발 걷기는 위험하다. 맨발 걷기가 끝나면 발을 깨끗이 잘 씻고 마사지를 해주어 발의 피로를 풀어주는 것도 좋다.

우리나라도 지방질이 많은 음식 섭취, 잘못된 생활 습관, 운동 부족 등으로 고혈압을 앓는 사람들이 많아지고 있다는 것이 의학계의 분석이다. 가장 효과적인 고혈압 조절 방법은 숲을 이용한 운동이다. 혈압은 몸을 움직일수록, 그리고 몸이 더 가벼울수록 낮아진다는 것이 일반적으로 알려진 사실이다.

숲 산책이나 가벼운 등산 같은 운동은 정기적으로 꾸준히 하면 수축기 혈압은 11mmHg, 이완기 혈압의 경우 8mmHg 정도 낮출 수 있다는 연구 결과가 발표되기도 했다. 이 수치는 혈압약을 복용하여 얻는 효과와 같은 수준이라고 하니 초기 고혈압에 속하는 사람들에겐 특히 효과적일 것이다. 혈압이 높을수록 격렬한 운동보다는 경사가 낮은 숲길을 택해 걷는 것이 좋다.

다시 말하자면 숲에서 걷기는 힘들지 않고, 지루하지 않으며, 흥미와 즐

오감이 열려 즐거움을 느낄 수 있는 숲길 산책은 심장을 적당히 자극해 운동 효과를 높인다.

거움을 동반해 혈압을 조절하는데 매우 효과적인 운동이다. 러닝머신에서 걷거나 운동장을 걷는 것은 아름다운 자연환경에서 걷는 숲길 산책과는 비교할 수 없다. 오감이 열려 즐거움을 느낄 수 있는 숲길 산책은 심장을 적당히 자극해 운동 효과를 높이고 혈압을 낮추는 데도 아주 좋다.

주의할 점은 고혈압 환자의 경우 가파른 산에 오르거나 심장에 부담을 줄 수 있는 과격한 활동은 하지 않는 것이 좋다. 고산지대는 산소가 부족하므로 특히 피해야 한다. 또한, 날씨가 추우면 혈압이 올라가므로 몸을 따뜻하게 해야 한다. 과체중이면서 고혈압이 있다면 공원이나 평지 숲길을 꾸준히 산책하는 정도가 좋다.

숲길은 지형이 다양하므로 지형에 맞춰 속도를 조절하면 좋다. 경사를 올라갈 때는 보폭을 작게 잡고 천천히 걸어야 지치지 않고, 내리막길에서도 빨리 걸으면 넘어지거나 관절에 무리를 줄 수 있으니 조심해야 한다. 대신 평지에서는 가능한 한 빨리 걷는다. 숲에는 우리 오감을 자극할 많은 요소가 있으므로 이들과 교감하면서 걷는 것이 좋다.

숲을 잘 이용하면 심장 질환을 예방한다

숲속 운동의 효과에 대하여 좀 더 살펴보면 숲을 잘 이용하면 심장 질환 발병률이 줄어들고 심장 질환도 예방할 수 있다는 연구자료가 또 하나 있다.

오스트리아의 심장병 전문의인 드레첼 박사가 미국 뉴올리언스에서 열린 국제심장학회에서 발표한 연구 결과다. 드레첼 박사는 숲속의 오르막길과 내리막길을 걷는 것이 심장과 혈관 질환에 어떠한 영향을 미치는지 조사하기 위해 알프스 등산로를 사례로 삼아 건강한 45명의 참여자가 3~5시간 걸리는 등산로를 일주일에 한 번씩 두 달간 오르게 했다. 그리고 다음 두 달 동안은 리프트를 타고 오른 다음 걸어서 내려왔다. 실험 전후에 혈액을 채취해 비교해 보았더니 내리막길을 걸을 때는 혈당이 없어지고 포도당에 대한 내성이 증가했으며, 오르막길을 걸을 때는 혈중 지방이 뚜렷이 감소했다. 또한, 오르막길과 내리막길을 걷는 경우 모두 혈중 콜레스테롤이 감소했다고 보고했다.

숲에서 운동하면 신체 특정 부위만 움직이는 것이 아니라 온몸을 모두 이용하는 종합적인 운동이고, 육체적 자극뿐만 아니라 정신적 · 심리적인 자극까지도 주는 운동이다.

또한, 숲에서 걷기와 같은 운동을 꾸준히 하면 갱년기 증상도 예방할 수 있다는 연구 결과도 있다. 40대 이상의 남성에게서 노화로 인해 나타나는 테스토스테론과 같은 성호르몬 감소가 늦춰졌다는 것이다. 성욕을 좌우하는 테스토스테론, 행복을 주는 세로토닌과 엔도르핀 같은 호르몬은 나이가 들면서 잘 분비되지 않지만, 숲의 환경적인 요인이 이들의 분비를 촉진한다.

단계별 산림욕 체조

동적인 산림욕에는 세 가지 운동요소가 있는데 신장(Stretching), 단련(Power up), 산소운동(Aerobics)이 그것이다. 이를 'S.P.A 건강 운동'이라고도 한다. 여기에는 14단계의 운동이 있으며 세 가지의 예비운동(Stretching), 여덟 가지의 증진운동(Power up), 세 가지의 완화운동(Aerobics)으로 구성되어 있다(표 13 참조).

산림욕 체조는 각 단계별로 체조에 대한 숙련도와 연령에 따라서 동작과 횟수를 적당하게 조절하면서 한다. 음이온과 테르펜이 살아 숨 쉬는 맑은 숲의 공기 속에서 팔과 다리를 신장시키고 심호흡하면서 각자의 몸에 알맞게 체조를 반복하면 산림욕의 효과는 증진될 것이다.

표 13 – 산림욕 체조 14단계

예비운동

① 매달리기 ② 옆구리 펴기 ③ 다리 펴기

증진운동

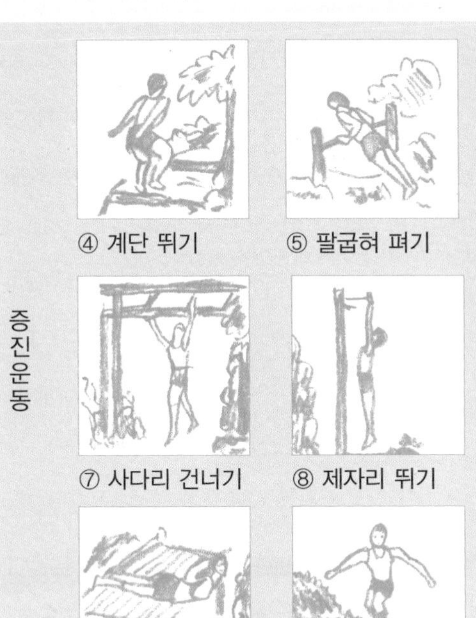

④ 계단 뛰기 ⑤ 팔굽혀 펴기 ⑥ 통나무 넘기

⑦ 사다리 건너기 ⑧ 제자리 뛰기 ⑨ 윗몸 일으키기

⑩ 엎드려 일으키기 ⑪ 통나무 수평잡기

완화운동

⑫ 윗몸 직각펴기 ⑬ 목 풀기 ⑭ 팔 폈다내리기

표14 – S.P.A 산림욕 체조의 단계별 내용

단계	동작 구분	운동내용
1단계	예비운동	전신의 근육과 뼈를 신장시키는 운동
2단계		맨손체조로서 근육과 뼈를 유연하게 함
3단계		맨손체조로서 다리를 굽혔다 폈다 하는 운동
4단계	증진운동	통나무 계단을 뛰어오르면서 다리의 힘을 강화
5단계		평행봉에 팔굽혀펴기로서 뼈와 근육운동
6단계		가설된 통나무를 넘나드는 운동. 온몸운동으로 체력증진
7단계		수평으로 가설된 사다리를 팔을 잡아 이동. 완력 강화
8단계		제자리높이뛰기로 순발력과 다리 힘을 강화
9단계		벤치나 평상에서 바로 누어 윗몸일으키기. 배 힘을 강화
10단계		벤치나 평상에서 엎드린 자세로 윗몸일으키기. 등 운동
11단계		통나무 위에서 좌우로 굴리면서 몸 균형 잡기. 평형성 유지
12단계	완화운동	윗몸을 직각으로 굽혀 팔을 좌우로 회전, 몸을 유연하게.
13단계		목을 상하좌우로 움직여서 유연하게 운동
14단계		팔을 쭉 펴서 상하로 운동. 몸의 열을 조정, 마무리운동

자료 : 林文鎭. 1988. 森林浴的 世界

숲에서 제대로 걷기

산림욕은 건강을 위한 숲에서의 활동이며, 대표적인 활동으로는 숲길 걷기가 있다. 걷는 것은 인간이 매일 수행하는 기본적인 활동이다. 걷기는 장소의 이동을 위한 생존 활동이면서 현대인들에겐 아주 효율적인 유산소 운동이다.

운동으로서의 걷기가 왜 효과적이고 또 건강에 유익한지는 많은 연구들에서 이미 검증되었다. 과거엔 심폐기능의 향상 등을 위해 달리기와 같이 다소 과격한 운동이 강조되었으나 최근에는 중등도 운동인 걷기가 여러 가지 건강과 효능을 위해 권장되고 있다.

걷기의 효과

걷기는 수술 후, 또는 여러 가지 질병 치료 후 회복 기능과 건강 상태를 측정하는 데 많이 사용되고 있다. 걷기는 가장 안전하면서 간단하므로 특히 과체중인 사람이나 노인, 심장병 환자를 위한 재활운동 프로그램으로

도 많이 활용되고 있다. 최근까지 알려진 걷기의 효과를 살펴보자.

1. 비만 방지 및 체중 조절

걷기는 특히 비만을 예방하고 체중을 조절하는데 아주 효과적인 운동이다. 많은 사람이 걷는 것보다 달리는 것이 훨씬 운동 효과가 좋아 비만이나 체중의 감량에 좋을 것으로 생각하지만 사실은 그 반대라고 한다. 미국스포츠의학협회가 밝힌 연구 결과에 의하면 같은 거리인 경우, 걷는 것이 달리는 것보다 체지방 감량 효과가 2배 이상 뛰어나다고 한다. 우리 몸이 운동을 할 때는 몸이 가지고 있는 지방과 탄수화물을 연소시킨다. 30분간 빠르게 걷는 경우에는 지방과 탄수화물의 연소비율은 50:50이지만, 달리기의 경우엔 그 비율이 30:70 정도라고 한다. 따라서 걷는 것이 체중 감량에 훨씬 낫다. 지방은 대개 근육보다는 뱃살이나 엉덩이 또는 몸의 특정 부분에 축적되기 때문에 지방이 연소되어야 효과적인 비만 방지와 체중 조절에 도움이 된다. 다만 하루에 30분 이상 운동, 즉 걸어야 지방의 연소 효과를 확실하게 볼 수 있다는 것이 스포츠의학자들의 견해이다.

2. 심혈관계 질환의 예방 효과

미국 위생학회지에 게재된 연구 결과에 의하면 걷기 운동은 심장질환의 예방에 탁월한 효과가 있다고 한다. 걷기는 심장, 혈관에 쌓이는 노폐물을 상당 부분 낮추고 혈관이 확장되는 효과를 주기 때문이다. 최근까지 수행된 30여 개의 연구를 분석하여 종합한 결과 성인의 경우 걷기 운동량이 많으면 많을수록 심장병, 뇌졸중 등 심장 관계의 질환으로 사망할 위험도가 낮아지는 것으로 나타났다고 밝히고 있다.[4]

3. 당뇨의 예방과 치료 효과

걷는 것이 살 길이다. 이는 당뇨 환자들이 지켜야 하는 철칙이다. 걷기 운동을 자주 하면 열량의 원천이 되는 혈액 속의 당분이나 중성 지방이 소비되기 때문에 당뇨의 예방과 치료에 효과가 크다. 하버드대학의 연구팀

---

4. Yoko, O. and Tomoko, S.T. 2004. Physical activity decreases cardiovascular disease risk in women: review and meta-analysis. American Journal of Preventive Medicine 26(5): 407-418.

에 의하면 주당 2.5시간의 걷기 운동을 한 집단은 운동을 하지 않은 집단보다 당뇨에 걸릴 확률이 30% 정도나 감소한다고 한다.[5] 특히 중년 또는 노년기에 들어선 사람들은 젊은이들에 비해 걷기 운동에 의한 혈당 및 중성 지방이 낮아지는 속도가 빠르고 한다.

4. 뼈의 강화 효과

걷기는 뼈를 움직이게 하여 튼튼하게 한다. 우리 몸의 골격을 유지하는 뼈는 움직이지 않으면 골질이 빠져 뼈가 약해진다. 따라서 운동으로 이렇게 약해지는 것을 방지하여야 한다. 운동 중에서도 걷기와 같은 체중을 받는 운동이 효과적이라고 한다.

5. 뇌 기능(치매)의 효과

걷기와 뇌기능의 향상은 많은 연구들에 의해 증명되었다. 걷기는 하반신을 활발히 움직이게 하고, 뼈에 붙어있는 긴장근을 자극한다. 이 긴장근이 뇌에 긍정적인 자극을 주어 뇌세포의 노화를 막는 작용하기 때문에 늘 젊고 건강한 삶을 유지하게 한다. 한 예로 미국 의학회지에 발표된 연구에 의하면 치매 위험의 노인을 대상으로 한 조사에서 걷기를 적게 한 노인들은 하루에 약 3km정도를 걷는 노인들 보다 치매에 걸릴 확률이 1.8배나 높다고 밝히고 있다. [6]

---

5. Jeon, C.Y. BA, Lokken, R. P., Hu, F.B. and van Dam, R. 2007. Physical Activity of Moderate Intensity and Risk of Type 2 Diabetes: A systematic review. Diabetes Care, 30 (3): 744-752
6. Abbott, R.D., White, L.R., Ross, G.W., Masaki, K.H., Curb, D. and Petrovitch, H. 2004. Walking and Dementia in Physically Capable Elderly Men. JAMA 292:1447-1453.

빨리 걷기 운동과 고혈압 예방

이탈리아 팔레르모 국립대학(Universita degli Studi di Palermo)의 도메니코 디 라이몬도 박사 연구팀은 활동혈압측정을 이용한 연구 결과, 고혈압 환자가 운동을 하면 이미 고혈압약을 복용하고 있다 하더라도 혈압강하 효과를 얻을 수 있다고 '체육 의학 임상 저널' 2006년 5월호를 통해 발표했다.

연구진은 168명의 고혈압 환자를 대상으로 6주간 빨리 걷기 운동이 혈압에 미치는 영향을 평가했다. 대상자들은 운동에 문제가 되는 질병을 갖지 않고, WHO가 정한 1단계 고혈압(140~159/90~99mmHg) 해당자로 약물치료를 받고 있으며, 체질량 지수는 30 미만인 환자들이었다. 또 빨리 걷기 운동은 숙련된 물리치료사의 지도로 1주일에 세 번씩 실시했다.

연구 결과, 운동함으로써 평균 수축기 활동혈압은 24시간 동안 143.1mmHg에서 135.5mmHg로 떨어졌으며, 이완기 혈압은 91.1mmHg에서 84.8mmHg로 떨어졌다. 이에 대해 라이몬도 박사는 "경미한 고혈압 환자를 치료하는 데 있어서 운동은 매우 효과적이며, 약물요법과 병행하여 보조요법으로 사용될 수도 있다"고 결론 맺었다.

6. 암 예방 효과

캐나다 알버타 암 위원회의 프리덴리히(Friedenreich) 박사는 걷기와 같은 운동이 암의 예방과 어떠한 관계가 있는지를 알아보기 위해 과거 연구 결과를 종합해 발표하였다.[7] 그 결과를 보면 걷기가 암 예방에 큰 효과가 있음을 보여준다. 예를 들어 대장과 직장암에서는 걷기 운동을 꾸준히 하면 평균 약 50%의 감소효과가 있다고 한다. 유방암에서는 평균 약 40%의 발생 감소를 보였다고 한다. 전립선암의 경우에도 통계적으로 의미 있는 수준에서 감소효과를 보였다고 한다. 캐나다 온타리오 공중보건국이 발표한 또 다른 자료에 의하면 하루에 30분에서 60분 정도 일주일에 5회 걷기를 한 여성들은 운동을 하지 않은 여성들 보다 난소암에 걸릴 확률이 30%나 감소한다고 한다. 걷기는 여성들에게 난소암 세포를 증식시킬 수 있는 호르몬의 생성을 줄여주어 암의 발생을 억제시킬 수 있다고 밝혔다.

숲길 걷기

걷기가 아무리 건강에 좋다고 해도 억지로 한다면 얼마가지 못해 그만두게 된다. 좋은 운동이란 쉽고 지속적으로 할 수 있어야 한다. 그런 측면에서 숲길 걷기, 즉 산림욕은 매우 효과적인 걷기 방법이다. 숲에는 재미있고 지루하지 않게 걸을 수 있는 요소들이 많다. 아름다운 자연의 풍광, 새소리와 물소리 같은 자연의 소리, 숲의 고유한 냄새, 맑고 쾌적한 공기가 주는 상쾌함…. 이런 요소들은 우리를 재미와 함께 걷기 운동 효과를

7. Friedenreich, C.M. 2001. Physical activity and cancer prevention: from observational to intervention research. Cancer Epidemiol Biomarkers Prev. 10(4):287-301.

가져다준다. 걷기는 30분 이상 지속적으로 해야 효과를 볼 수 있기 때문에 숲에서 걷는 산림욕은 가장 좋은 걷기 운동의 하나이다.

숲에서 걷는 방법이 따로 있는 건 아니다. 다만 숲은 여러 가지 지형이 골고루 있기 때문에 그 지형에 맞도록 보폭이나 완급을 조절하고 몸의 균형과 올바른 자세를 가져야 한다. 올바른 운동 자세로서의 걷기 방법을 응용해 숲길 걷기의 방법을 제시해보면 다음과 같다.

1. 평소 하체의 단련과 몸의 균형을 유지하는 훈련을 한다

버스나 전철을 탈 때 그리 먼 거리가 아니라면 서서 가는 것도 좋은 습관이다. 하체의 단련과 평형 훈련에 좋은 방법이다. 또한 양말이나 신발을 신을 때도 서서 균형을 유지하며 신는다.

2. 숲길 걷기 전 자신의 몸 상태를 점검한다

현재 몸의 피로가 누적되어 있거나 컨디션이 좋지 않을 때는 완만한 숲길을 선택해 걷도록 하고 시간도 한 시간 이내로 단축한다. 또한 고혈압이나 당뇨가 있는 경우에는 급격한 경사보다는 완만한 경사가 있는 숲길을 택한다.

3. 기온과 날씨에 적합한 옷차림으로 숲길 걷기에 나선다

추운 계절에는 여러 겹의 옷을 입어서 체온을 조절한다. 숲속 날씨는 국지적으로 다양하고 변화가 심하다. 여러 옷을 준비하여 상황에 따라 벗거나 껴입는다.

4. 걷기의 완급을 조절하여야 한다

처음 걷기를 시작할 때에는 느린 걸음으로 걷고 차츰 파워 워킹을 한다. 즉, 팔을 힘차게 흔들어서 보폭을 넓혀 빠르게 걷는다. 이때는 발로 바닥을 힘껏 차고 허리와 척추를 곧게 세운다. 몸의 자연스러운 회전 동작을 이용해 다음 걸음을 내딛는다. 디딜 때 발을 지면에 밀착하고 엄지 발가락을 앞으로 차올리는 방식으로 걷는다. 숲길의 지형이나 경사에 따라 빠른 걸음, 느린 걸음을 반복하면 운동의 효과가 커진다. 또한 걸을 때는 주로 하반신만 쓰기 때문에 걷기 전 혹은 후 되도록 상반신의 근육운동을 한다. 목, 어깨, 손, 옆구리, 모두 충분히 운동해서 근육이 편안히 움직이도록 하여야 한다.

5. 물을 소지하고 적어도 10~15분 간격으로 마신다

숲길의 걷기는 체온이 올라가고 따라서 체내 수분의 감소가 빠르다. 수분 감소가 많아지는 만큼 자주 물을 마시는 것이 중요하다. 갈증이 없더라도 조금씩 물을 마셔두는 것이 좋다. 땀을 흘리게 되면 체내에 염분이 부족하게 될 수도 있는데 이때는 소금이나 말린 매실(梅實) 종류를 보충시킨다.

6. 산림욕 중 피로가 올 때는 휴식이 중요하다

열량이나 체력의 부족에서 오는 피로에는 사탕이나 초콜릿 등의 당분으로 보충을 한다.

7. 비가 오거나 흐린 날에도 숲을 걸어보자

이런 날씨엔 사람들이 대부분 우울해 하고 움직이기 싫어서 실내에 머물러 있으려 한다. 햇빛과 함께 뇌에서 나오는 세로토닌 물질이 부족하기 때문이다. 세로토닌 분비가 적어지면 기분이 우울해지고 활력이 떨어진다. 이럴 때일수록 박차고 나와 숲을 걸어보자. 오히려 숲이 맑아 보이고 더 푸르게 보인다. 숲의 냄새도 더욱 향긋하다. 물론 방습과 방한이 되는 옷차림에 신경을 써야 한다.

8. 식사를 한 후 숲을 걷는다

공복에 장시간 숲을 걷게 되면 체력 소모가 커 탈진의 위험이 있다. 또한 혈액 중 지방산도 증가하여 심장에 나쁜 작용이 있으며 비정상의 심장박동 까지 일으킬 수 있다고 한다.

9. 숲의 가파른 비탈길을 주의해야 한다

급경사의 숲길을 올라가거나 내려갈 때 보폭을 비교적 좁고 일정하게 유지한다.

10. 숲에서의 산림욕은 경주가 아니다

산림욕은 몸과 마음의 안식을 찾고 건강을 위한 활동이다. 따라서 숲을 걸으면서 주변의 자연과 마음을 교감하는 것이 중요하다. 숲과의 교감은 마음의 안정을 주고 일상의 근심과 스트레스를 날려준다.

11. 급경사길나 고갯길 잘 걷기

경사길이나 고개를 올라갈 때는 몸을 좀 굽힌 후 허리부터 움직인다. 배와 등 근육에 힘을 주고, 시선을 전방 가까이 둔다. 고개 위쪽을 보고 걷지 않으며, 보폭은 짧고 빠르게 걷고, 팔을 흔들며 걷는 것이 좋다. 팔 흔들림이 걸음의 속도를 나타낸다.

숲길 걷기에 적용할 수 있는 Five-step 패턴

걷기에서 가장 기본이 되는 5단계 패턴은 숲에서도 적용할 수 있다. 이 5단계는 몸에 무리가 가지 않고 걷기 운동의 효과를 최대한 얻을 수 있도록 한 것이다. 기본 5단계는 다음과 같다.

① 초기 워밍업을 위한 천천히 걷기
② 부드러운 스트레치
③ 속도 내기
④ 마무리 천천히 걷기
⑤ 마무리 스트레치

이 5단계의 걷기 패턴은 걷는 시간이 얼마나 되든지, 또 어디에서 걷든지 적용가능하다. 다시 말하면 시간과 상황에 따라 각 단계의 시간은 조정이 될 수 있지만 과정은 동일하게 적용된다.

급경사길이나 고갯길을 올라간 후 행동요령

급경사길이나 고갯길을 올라가고 나면 힘이 들어 바로 쉬고 싶다. 이때 갑자기 서면 위험하다. 우리 몸의 피가 팔과 다리에 몰리게 되는 현상이 일어나기 때문이다. 급경사나 고갯길을 올라갈 때 근육에 산소와 피를 더 많이 그리고 빨리 공급하기 위해 심장의 펌프질이 자연스럽게 빨라진다. 그런데 갑자기 멈추게 되면 그 상태에서도 심장은 빠른 상태로 뛰게 된다. 따라서 심장에서 나온 피들이 팔과 다리로 몰리게 된다. 특히 다리로 피가 몰리게 되면 혈관이 압력을 받게 되고 모세혈관 파열과 같은 위험에 닥칠 수 있다. 갑자기 서는 것보다 심장이 정상 작동할 때까지 천천히 걷는 게 좋다.

1단계 – 초기 워밍업을 위한 천천히 걷기

어떤 운동이든 준비 단계, 즉 워밍업은 매우 중요하다. 이 단계에서는 근육을 운동 할 수 있는 상태로 만들고, 몸의 체온을 높임과 동시에 혈액순환을 증가시켜 몸을 운동에 대비하게 한다. 또한 정신적으로도 이 단계는 걷기에 집중하고 에너지를 쏟게 함으로 상황에 대비하도록 해 준다. 이 단계에서는

- 느린 걸음으로 천천히 3~5분 정도를 걷는다.
- 이 단계에서는 어깨를 돌려주고 또 팔을 머리 위까지 올려줌으로써 상체의 체온도 상승시키도록 한다.

2단계 – 부드러운 스트레칭 단계(3~4분 정도)

다리와 팔, 그리고 몸을 스트레칭을 함으로써 정강이나 근육의 통증을 방지하고 기타 부상을 예방한다.

- 발목 돌리기
- 허리 돌리기
- 목 돌리기
- 팔 돌리기

3단계 – 빠르게 걷기(30분 또는 그 이상)

걷기의 가장 핵심단계이며 몸의 산소 요구가 가장 필요한 단계이다. 이 단계에서는

- 천천히 걷는 속도를 높여 마치 어디로 가는 것 같은 빠르기로 걷는다.

- 옆 사람과 대화를 나눌 정도의 빠른 걸음이 좋다. 만일 숨이 차서 대화가 어려우면 속도를 낮춘다.
- 앞에서 설명한 숲속 걷기의 올바른 자세를 유지한다.

4단계 - 마무리 천천히 걷기

숲길 걷기의 마무리 단계로서 심장의 박동이 평상시와 같이 돌아오도록 천천히 걷는다. 이 단계는 아무리 바쁘더라도 빠트리면 안 된다. 마무리 천천히 걷기는 빠르게 걷기로 더워진 몸을 차츰 차츰 정상적인 상태로 돌려놓기 위한 단계이다. 자동차로 비교하면 고속으로 달리다 멈춤을 위해 저속 기어를 넣는 동작과 같다. 이 단계는 천천히 심장 박동을 낮추고 몸의 혈액 순환을 낮춤으로서 일시적으로 두통이나 현기증이 날 수도 있다.

- 마무리 걷기를 위해서는 3~5분 정도를 느린 걸음으로 천천히 걷는다.

5단계 - 마지막 스트레칭

매우 간과하기 쉬운 단계이다. 그러나 마무리 스트레칭은 운동에서 온 통증을 방지하고 유연성을 유지시키는데 도움을 준다. 앞 2단계의 스트레칭을 반복한다.

숲에서 걸을 때 단계별 내 몸의 변화

1분에서 5분 사이

처음 몇 걸음은 몸의 세포에서 걷기위한 에너지를 주는 화학물질이 분비된다. 심박수는 분당 70번에서 100번 정도로 뛰며, 혈액 순환이 빨라지기 시작하고 근육의 온도가 올라간다. 무릎이나 팔, 어깨 같은 관절에서 윤활물질이 분비되어 몸의 움직임을 원활하게 한다. 계속해서 걸으면 분당 약 5칼로리 정도의 열량이 소모된다(휴식을 할 때에는 분당 1칼로리 정도가 소모된다). 몸은 에너지를 얻기 위해 계속 몸에 축적된 지방을 소비한다.

6분에서 10분 사이

심장 박동이 100번 정도에서 140번 정도까지 증가한다. 분당 열량 소모도 6칼로리 정도로 늘어난다. 혈압이 올라가고, 혈관이 확장되면서 더 많은 혈액과 산소가 힘을 쓰는 근육으로 전달된다.

11분에서 20분 사이

체온이 계속 올라가면서 체온을 식히기 위해 모공이 확장되고 땀이 나기 시작한다. 빨리 걷게 되면 숨이 가빠오고 분당 7칼로리 정도의 열량이 소모된다. 엔도르핀과 같은 호르몬의 방출이 시작되어 상쾌한 기분을 느낀다.

21분에서 45분 사이

활력이 솟고, 몸의 긴장이 이완되며, 뇌에서 분비되는 엔돌핀과 같은 물질이 영향을 주어 지속적으로 기분이 상쾌해진다. 몸의 지방이 더 분해되면서, 지방을 축적하는데 도움을 주는 인슐린이 줄어든다. 당뇨나 과체중에 걷기가 효과적인 이유가 바로 이것이다.

46분에서 60분 사이

근육이 피로를 느끼기 시작한다. 마무리하기 위해 천천히 걸으면 심박수가 낮아지고, 호흡이 느려진다. 칼로리 소모량도 낮아지지만 걷기를 시작하기 전보다는 높다. 이 정도의 칼로리 소모는 약 한 시간 정도 지속된다.

걷는 속도의 조절 방법

걸을 때 적당한 속도인가를 알기 위해서 아주 간단히 시험하는 방법이 있다. 말로 시험하는 것이다. 만일 짧은 두 문장을 헐떡거리며 하지 않을 정도이면 적당한 속도이다. 만일 한 문장 정도도 숨이 가빠 할 수 없다면, 너무 속도가 빠른 것이어서 걸음의 속도를 줄여야 한다. 항상 적당한 속도를 유지하자.

숲에서 맨발 걷기

현대인들은 맨발로 땅을 밟을 기회가 없다. 양말과 구두를 신고 아스팔트와 시멘트 도로에 익숙해 있기 때문이다. 그래서 혹 맨발로 걷는다고 하면 매우 위험할 것으로 생각한다. 그러나 우리 인류는 역사의 대부분을 맨발로 생활해 왔다.

따라서 맨발로 걷는 것은 자연과 접하는 아주 원초적인 길이며 내 몸의 원시적 에너지를 발산시키는 방법이다.

왜 맨발 걷기인가?

왜 맨발로 걷기인가? 이에 대한 답은 아주 간단하다. 기분이 상쾌해지고 건강에 도움을 주기 때문이다. 《맨발로 걷는 즐거움》의 저자 박동창 씨는 "맨발 걷기는 자연이 선사하는 건강의 선물"이라 정의한다. 맨발로 걷다 보면 흙이나 돌멩이의 자극을 받게 되고, 이는 마사지 효과로 이어져 혈액순환을 좋게 한다는 것이다. 발은 제2의 심장이라 불리듯 우리 몸의 모든 장기와 작은 모세혈관으로 이어져 있다. 따라서 맨발로 걸으면 자연스럽게 발바닥 마사지가 된다. 즉, 발바닥의 모세혈관을 자극해 지압 효과를 주면서 혈액순환이 활발해진다는 것이다. 또한 "맨발 걷기는 배변 활동을 촉진시키고 감기와 위장장애, 무좀 등을 개선시키는 효과가 있다"고 주장한다.

맨발 걷기는 또한 우리 몸의 원시적 유전자를 일깨워 자연과 일치하는 기분을 준다. 맨발은 자연, 즉 땅과 우리를 연결시키는 통로이다. 대지가 주는 자극과 자연의 기운을 맨발을 통해 온몸으로 받아들일 수 있다. 따라서 맨발 걷기는 심리적으로 일상의 속박을 벗어나 원초적 자유를 느끼게 해준다.

맨발 걷기를 통해 얻을 수 있는 효과는 수없이 많다. 우선 맨발 걷기는 긴장된 몸과 마음을 이완시켜주고 일상에서 쌓인 스트레스를 해소시켜 준다. 맨발로 숲이나 공원을 걸을 때 우리는 자연과 하나가 된 느낌을 받는다. 이런 기분은 일상의 긴장에서 벗어나 몸과 마음의 평안과 새로운 에너지의 충전을 가져온다. 맨발 걷기의 효과를 살펴보면 다음과 같다.

맨발 걷기의 효과

1. 몸의 균형을 유지시킨다

맨발로 땅을 밟으며 사람들은 뇌의 균형시스템과 신경망을 자극함으로 균형감각을 높여준다. 특히 균형감각 상실은 노년층에겐 넘어짐 또는 골절상을 가져와 건강에 치명적인 손실을 줄 수 있다.

2. 근력을 강화시킨다

맨발 걷기는 다리뿐만 아니라 온몸의 근육에 균형과 자극을 주어 강화해준다.

3. 발을 건강하게 한다

몸의 어느 부위든 사용하면 건강해지고 그렇지 않으면 퇴화한다. 맨발 걷기는 발의 감각을 민감하게 하고 건강하게 해 준다

4. 발의 질병을 예방해준다

발이 튼튼해지면 발바닥의 근막염이나 신경종을 예방할 수 있다.

5. 혈액순환에 도움을 준다

맨발 걷기는 발과 다리의 근육 건강뿐만 아니라 혈액순환에도 도움을 준다. 원활한 혈액순환은 통증을 예방하고 발을 따듯하게 유지시켜준다

6. 똑바른 자세를 갖게 한다

우리가 일상에서 신는 굽 높은 신발이나 하이힐 등은 불편한 자세를 초래한다. 맨발 걷기는 자연스런 상태로 서거나 걷게 해 줌으로 올바른 자세를 유지하게 한다.

7. 허리 통증을 없애준다

우리가 일상에서 신는 굽 높은 신발이나 하이힐 등이 초래하는 불편한

맨발 걷기가 비만 및 혈중 지질 성분에 미치는 효과

맨발로 걷기가 여학생들의 신체구성과 혈중 지질 성분 향상에 도움이 된다는 연구 결과가 있다. 창원대학교의 김병로 교수팀은 경남에 있는 여중생들을 대상으로 맨발로 운동을 한 집단, 신발을 신고 운동한 집단, 그리고 운동을 하지 않는 비교집단으로 나누어 각 집단의 운동 효과가 어떤 차이가 있는지를 조사하였다. 연구에 참여한 여중생들 모두는 약 30% 정도의 비만도를 가지고 있었다. 비교집단을 제외하고 나머지 두 집단은 8주간에 거쳐 맨발과 운동화를 신고 걷는 운동을 수행하였다. 김병로 교수팀이 밝힌 연구의 결과에 따르면 맨발과 신발을 신고 걷기 운동을 한 집단에서는 체중 및 지방질 그리고 나쁜 콜레스테롤 감소가 나타난 반면 비교집단에서는 변화가 없었다. 김 교수는 맨발로 걷는 운동이 신발을 신고 걷는 운동보다 더 효과적인 결과를 보였다고 밝히고 있다. 출처: 김병로와 박종표. 2003. 맨발 걷기 운동이 비만 여중학생의 신체구성과 혈중 지질성분에 미치는 영향. 한국체육과학회지 12(2): 517-528

자세는 허리에 큰 부담을 주어 허리 통증을 유발한다. 맨발 걷기는 올바른 자세를 유지하게 함으로써 허리의 통증을 완화해 준다

8. 혈압을 낮추는 효과를 준다

연구들에 의하면 맨발 걷기는 발의 신경을 자극하여 혈압을 낮추고 스트레스 호르몬인 코티솔 수치를 낮춘다고 보고하고 있다.

9. 몸의 염증을 낮춘다

최근의 연구들은 염증은 다양한 질병을 유발하는 요인이라고 보고한다. 맨발로 걷거나 서 있기만 해도 염증을 낮춘다고 연구들은 보고하고 있다.

10.반사요법 효과

반사요법은 발바닥의 신경 자극을 통해 면역체계를 강화하고, 염증과 통증 완화, 혈압감소, 긴장과 스트레스 완화 등의 치유 효과를 높이는 과정이다.(www.runbare.com 참조)

맨발 걷기를 할 때 주의점과 올바로 걷기

실내에서의 맨발 걷기는 비교적 안전한 편이지만 야외에서 실행할 때는 많은 잠재적인 위험요소들이 있기 때문에 준비를 잘 하고 조심해서 걸어야 한다. 특히 오랫동안 신발에 익숙했던 발을 맨발로 걷기를 시도하는 초보자일 경우 각별히 신경 쓰지 않으면 다치기 쉽다. 올바른 맨발 걷기를 실행하고 익숙하게 되기까지는 시간이 걸리기도 하고, 인내와 정확한 정

보가 필요하다. 전문가가 추천하는 올바른 맨발 걷기의 요령을 살펴보자.

1. 천천히 시작하기

처음부터 무리한 걷기를 실행하기보다는 짧게 15~20분 정도부터 시작하자. 신발로 보호받고 있던 맨발이 자연에 천천히 익숙하게 하고 적응하게 해야 한다. 점차 맨발이 적응하고 익숙해지면 서서히 걷는 시간과 거리를 늘려가야 한다.

2. 발이 불편하거나 새로운 통증을 느끼면 걷기를 지속하지 마라

당연히 올바른 준비가 없거나 처음부터 무리하게 되면 발에 통증을 느끼고 또 다칠 위험성이 커진다. 조금이라도 이런 느낌이 감지되면 걷기를 중단하고 회복되게 해야 한다.

3. 집안에서 연습하라

맨발이 자연상태에 쉽게 익숙하게 하기 위해서는 집안에서 연습하는 것도 좋다. 집안의 안전한 환경에서부터 모래, 부드러운 흙길 또는 잔디와 같이 비교적 위험이 덜한 장소에서부터 시작하고 점차 자연스러운 장소로 이동하자.

4. 균형운동으로부터 시작하라

맨발 걷기를 시작할 땐 한쪽 다리로 서기, 허리 굽히기 등과 같은 간단한 균형운동부터 시작하자.

숲에서 맨발 걷기, 어떻게 해야 하나?

맨발 걷기를 처음 시작하는 사람은 어떻게 해야 할까? 맨발 걷기라고 특별히 다른 걸음걸이는 아니다. 맨발 걷기의 가장 기본 포인트는 내 몸과 자연, 즉 땅과 숲이 일치하는 느낌을 얻고, 대지의 기운을 온몸으로 느끼고 받아들일 수 있게 하는 것이다. 초보자들을 위한 맨발 걷기 요령을 몇 가지 소개한다.

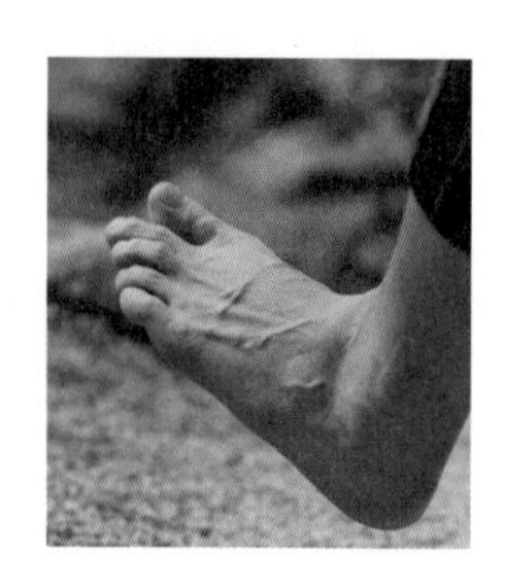

1. 발가락 스트레칭 후 시작한다

맨발 걷기에 들어가기 전 준비운동으로 발가락 스트레칭을 해준다. 특히 맨발 걷기는 평소 신발 속에 있기 때문에 쓰지 않던 발가락의 근육까지 사용하게 되므로 이런 곳의 발가락 관절까지 풀어준다.

2. 무리하지 말자

처음 맨발 걷기를 시작할 때에는 짧게 시작하자. 10~30분 정도의 걷기가 초보자들이 시작하기엔 적당하다. 이렇게 시작하여도 얼마 되지 않아 온종일, 그리고 하루에도 몇 번씩 맨발 걷기를 할 수 있을 정도가 된다.

3. 부드럽고 평탄한 숲길에서 시작하자

처음 맨발 걷기를 시작할 때에는 평탄하고 부드러운 숲길을 찾아 시작하는 것이 발의 감각을 익히는 데 좋다. 처음엔 포장된 길, 잔디밭, 또는 풀밭에서 연습하는 것도 좋다. 또 요즘엔 공원이나 휴양림에도 맨발 걷기

숲에서의 맨발 걷기는 여러 위험 요소가 있을 수도 있는 곳에서 수행하는 활동이기 때문에 철저히 준비하고 조심해야 한다. 특히 맨발로 걷는 데 익숙하지 못한 초보자들에겐 과욕은 금물이다.

를 위한 시설을 해 놓은 곳이 있는데, 이런 데서 맨발 걷기를 위한 초기 연습을 하는 것이 좋다. 그런 후 차츰 경사지나 울퉁불퉁한 길, 나무뿌리 등이 나온 길과 같이 좀 더 험한 길로 도전한다.

4. 초보자들이 맨발 걷기를 하기엔 아침이나 저녁 시간이 좋다

아침이나 저녁 시간은 햇볕이 강하지 않고 뜨겁지 않다. 따라서 대지의 온도도 적당하여 맨발의 감촉이 좋아 즐거운 경험을 가지고 시작할 수 있다. 발을 디뎠을 때 돌이 뜨겁게 느껴지거나 발이 너무 아프다면 양말을 신고 시작하는 것도 한 방법이다.

5. 열 발짝 정도의 앞을 보고 발을 끌지 않고 걷는다

이 정도의 거리에 시선을 두는 것이 장애물이나 위험을 감지하고 피하는 데 효과적이다. 걸을 땐 발을 끌지 않아야만 튀어나온 장애물에 발바닥을 다치지 않는다. 발바닥은 매우 민감하다. 발을 끌며 걸으면 길에 튀어나온 돌조각 같은 장애물이 발바닥 피부를 스쳐 다치게 할 수 있다.

6. 맨발로 걷는 자세

걸을 때는 항상 발뒤꿈치가 아닌 발바닥의 허리 부분에 몸의 무게를 싣도록 노력해야 한다. 발의 앞부분이 뒤꿈치보다 훨씬 더 유연하고 탄력성이 높아 충격을 잘 흡수하기 때문이다.

7. 무엇보다 재미있고 흥겹게 걷는 게 중요하다

맨발 걷기의 목적은 쌓인 스트레스와 피로를 풀고 상쾌한 기분을 갖는 것이다. 따라서 맨발 걷기를 통해 몸과 마음의 자유로움을 느끼고 색다른 경험을 통해 행복감을 느껴야 한다.

8. 맨발 걷기가 끝난 후에는 자극받은 발을 풀어준다

발바닥을 두 손으로 잡고 충분히 풀어준다. 마사지 후에는 200~500cc 정도의 물을 마시고, 발을 깨끗이 씻어주면 노폐물 배설과 발 관련 질환 예방에 도움이 된다.

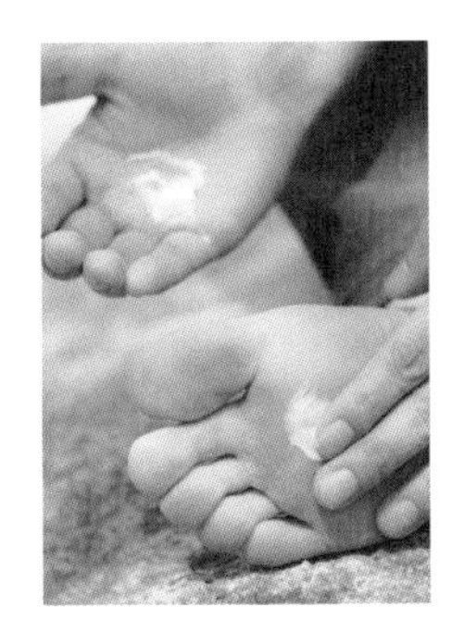

9. 맨발 걷기 후 발 관리

맨발 걷기를 한 뒤의 발 관리는 매우 중요하다. 맨발 걷기를 꾸준히 하다 보면 발바닥에 굳은 각질이 생기기 시작한다. 이를 잘못 관리하면 발바닥이 갈라져 심한 통증을 유발할 수 있다. 맨발로 걸은 후에는 반드시 발바닥을 깨끗이 씻고 발 크림, 로션이나 오일을 발라야 한다. 로션을 바를 때는 라놀린, 요소성분, 또는 글리세린 등이 첨가된 로션이 좋다. 로션 외에도 올리브유와 같은 기름 등도 피부의 수분을 유지하는데 좋다. 로션은 잘 시간에 바르는 것이 피부 흡수에 효과적이다. 그리고 1주일에 한 번은 각질을 제거해서 선홍색의 건강한 발바닥을 유지하는 게 좋다.

맨발 걷기의 유의점

맨발 걷기가 몸과 마음에 좋지만 누구에게나 다 좋은 것은 아니다. 임산부와 노약자, 그리고 당뇨 등의 질병이 있는 사람들의 경우 맨발로 걷는 것이 위험할 수 있으므로 유의해야 한다.

우선 임신부의 경우엔 맨발 걷기는 피하도록 한다. 임산부는 몸이 약하고 면역력이 떨어진 상태에 있으므로 맨발을 통해 감염이나 상처가 나기 쉽다. 또한, 임신부의 발뒤꿈치는 태아의 머리에 해당하는 부위라고 하며, 이 부위를 자극하게 되면 태아에게 영향이 미친다고 한다. 따라서 맨발로 걷기와 같은 강한 자극이 계속되면 최악의 경우 유산할 위험이 있다.

노약자의 경우 발바닥 근육이 약하기 때문에 찰과상이나 발목 부상의 위험이 크므로 피하는 것이 좋다. 또한, 당뇨병이 있는 경우도 피하는 것이 좋다. 당뇨병 환자의 경우 감각이 떨어져 발을 다쳤을 때 이를 알지 못해 상처를 키울 위험이 있기 때문이다. 평발일 경우, 생리 중일 경우, 진물이 나거나 갈라지는 증상을 보이는 무좀이 있는 경우, 발에 상처가 있는 경우에도 맨발 걷기는 피하도록 한다.

위의 사항에 해당하지 않는 이라도 식사 후 1시간 이내에는 맨발 걷기를 피하는 것이 좋다. 식사 후에 곧바로 시행하면 위에 부담을 주고 가슴이 결리는 증상이 나타나 오히려 소화를 방해한다. [8]

---

8. http://blog.daum.net/kkgg26/15830010

임신부나 노약자, 당뇨환자들은 맨발 걷기를 피하는 것이 좋다.
식후 1시간 이내 맨발 걷기도 피하도록 한다.

숲에서 즐기는 노르딕 워킹

북구의 아름다운 나라 핀란드. 아름다운 숲과 호수, 사우나, 노키아 휴대전화 등으로 알려진 나라이다. 여기에 덧붙여야 할 것이 하나 더 있다. 바로 노르딕 워킹(Nordic Walking)의 발상지이다. 노르딕 워킹은 20세기 초 크로스컨트리 스키 선수들이 눈이 없는 계절에 훈련용으로 개발되었다고 한다. 그러던 것이 1997년 핀란드의 한 회사가 스포츠 의학 전문가들과 함께 장비와 더불어 현대적 운동으로 개발하여 오늘날 전 세계에 퍼지게 되었다. 유럽으로부터 시작한 노르딕 워킹의 인기는 시간이 적게 들고, 스트레스가 적으며, 몸의 모든 부분이 움직여 전신운동이 된다는 것 때문에 효과적인 운동으로 자리 잡았다.

노르딕 워킹은 일반 걷기보다 더 많은 칼로리를 소모하여 46%나 더 운동 효과가 있다고 한다. 노르딕 워킹은 체중 감소에 아주 좋은 운동으로 알려져 있다. 폴을 사용하여 걷기 때문에 보통 걷기보다 약 10~15% 정도 심박 수가 증가하여 시간당 450칼로리까지 소모한다(보통 걷기는 약 280

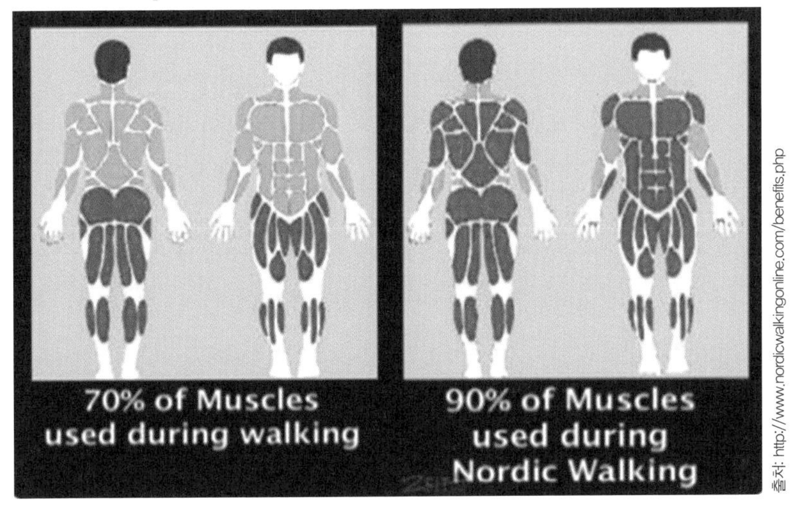

노르딕 워킹은 일반 걷기보다 더 많은 칼로리를 소모하여 46%나 더 운동 효과가 있다고 한다.

칼로리 정도를 소모한다). 보통 걸을 때는 우리 몸 근육의 약 70%를 사용하지만, 양손에 폴을 들고 손과 팔을 움직이며 걷는 노르딕 워킹의 경우엔 약 90%까지 근육을 사용한다(그림 참조).

노르딕 워킹 폴의 선택

숲에서의 노르딕 워킹은 특별히 디자인된 장비나 복장이 필요 없다. 처음 시작하는 사람들에겐 가볍고 견고한 폴, 가볍고 튼튼한 신발과 같이 산림욕에 맞는 차림이면 충분하다. 후에 좀 더 익숙해지거나 전문 수준에 오르면 노르딕 워킹용으로 특별히 제작된 신발을 구입할 수도 있지만, 처음에는 운동화나 등산화를 신고도 가능하다.

노르딕 워킹에서 폴은 특별히 신경 써서 골라야 한다. 폴이 없이는 노르딕 워킹을 시작할 수 없기 때문이다. 스키 탈 때 쓰는 폴이나 등산용 폴은 노르딕 워킹의 폴로 사용할 수 없다. 등산용 폴은 산행할 때 균형과 안정을 주기 위해 쓰이고, 무거운 배낭을 메고 바윗길이나 경사길 같은 산행을 할 때 도움을 준다. 하지만 노르딕 폴은 기본적으로 비교적 평탄한 지역에서 사용할 수 있도록 설계되었다.

폴을 사용하기 전 자신의 몸에 맞는 크기를 골라야 한다. 기본적으로는 폴을 들고 서 있을 때 팔꿈치가 직각으로 꺾여야만 올바른 크기이다. 보통 자기 신장에 0.7을 곱하면 무난한 크기이다. 또한, 노르딕 워킹에 사용되는 폴은 전용 폴이어야 하며 내구성이 강하고 가벼운 샤프트로 만들어진 것이어야 한다. 또한, 그립이 교환 가능해야 하며, 힘을 정확히 전달해 줄 수 있는 스트랩이어야 한다.

노르딕 워킹 폴은 크기를 조절할 수 있는 것(adjustable pole)과 크기를 조절할 수 없는 것 혹은 한 피스로 된 것(fixed length 또는 one-piece pole)이 있다. 같은 재질을 사용했다 하더라도 크기를 조절할 수 있는 폴은 크기를 조절하기 위한 장치가 달렸기 때문에 한 피스 짜리보다는 무겁다. 한 피스 짜리 폴은 보통 100cm에서 140cm까지 5cm 간격으로 나온다. 한 피스 짜리 폴을 살 때는 당연히 자기 키에 알맞은 크기의 폴을 선택해야 한다. 이때 주의해야 할 점이 있다. 보통 초보자들은 다루기 쉽고 편안하므로 좀 짧은 폴을 선택하는 경향이 있다. 그러나 점차 능숙하게 되면 좀 더 긴 폴을 선호한다고 한다. 따라서 자신의 선호에 맞추어 폴의 길이를 선택해야 한다. 반면 크기를 조절할 수 있는 폴은 자신의 선택에 따라 폴의 길이를 맞출 수 있으니 선택이 한결 자유롭다. 따라서 한창 자라는 청소년들에겐 이런 크기를 조절할 수 있는 폴의 선택이 유리하다.

폴 길이의 선택

노르딕 워킹을 하는데 폴의 크기 조절은 올바른 자세와 노르딕 워킹의 효과를 나타내는데 매우 중요하다. 보통 적당한 폴의 크기는 폴을 잡고 자연스럽게 서 있을 때 팔굽이 직각으로 꺾이는 정도이면 무난하다. 이러한 크기는 키에 70% 정도라고 하니 폴의 크기를 조절할 때 자신의 키에 0.7을 곱한 크기를 사용하면 무난할 것이다.

신장 대비 적당한 폴 크기

노르딕 워킹 워밍업

폴을 들고 스트레칭를 하는 것은 노르딕 워킹의 일부분이기도 하다. 이런 스트레칭은 시작 전 워밍업으로도 하고, 끝나고 쿨 다운하기 위한 마무리 동작으로도 실시한다. 어떤 경우이든 약 10~20회 정도 실시한다.

1. 발목 돌리기

폴을 몸 옆에서 앞쪽으로 놓는다. 발을 지면에서 들어 시계방향으로 돌린 후 반대 방향으로 돌린다. 한쪽 발이 끝나면 다른 발로 같은 동작을 반복한다.

2. 엉덩이 스트레칭

폴을 양손에 잡고 상체를 굽혀 몸을 'ㄱ' 자로 만든다. 이때 무릎을 곧게 펴고, 팔은 쭉 뻗어 준다.

3. 다리 스트레칭

폴을 꼭 쥔 후 몸 옆에 위치한다. 한쪽 다리를 펴서 몸 앞으로 뻗는다. 반대편 다리는 약간 구부려준다. 같은 방법으로 다리를 교체한다.

4. 찌르기 자세

폴을 양손에 꼭 쥐고 몸 앞으로 위치한다. 몸을 누이고, 한쪽 다리를 뒤로 쭉 뻗어 준다. 앞에 있는 다리는 구부려준다. 다리를 교체하여 반복한다.

5. 허벅지 스트레칭

폴을 한 손에 쥔 후 지팡이를 잡듯이 앞으로 내서 위치한다. 반대편 팔과 손은 아래로 뻗어 굽혀 올린 발을 잡는다. 손으로 다리를 잡아 몸쪽으로 끌어 올린다. 반대편 팔과 다리로 교체한다.

6. 옆구리 스트레칭

양손으로 폴의 양 끝을 잡는다. 팔을 하늘로 뻗어 올린다. 하체는 일직선을 유지하고 상체를 좌측으로 최대한 구부린다. 다시 팔을 하늘로 올린 후 우측 방향으로 상체를 구부린다.

7. 쭈그려 앉기

폴을 어깨 뒤로 잡는다. 그 상태에서 앉았다 일어서기를 반복한다.

8. 허리 돌리기

다리를 어깨너비로 벌린 후 양손은 폴을 어깨 뒤로 잡고 그 상태에서 허리를 이용하여 상체를 좌우로 돌려준다.

노르딕 워킹의 일반적 자세

노르딕 워킹은 크로스컨트리 스키에서와 같이 자연스런 걸음의 움직임이다. 즉, 팔의 앞뒤 움직임과 다리의 앞뒤 움직임이 반대로 움직이는 걸음이다. 왼쪽 발이 앞으로 가면, 오른쪽 폴이 앞으로 가고, 반대로 오른쪽 발이 앞으로 움직이면, 왼쪽 손의 폴이 앞으로 움직인다.

1. 폴을 휴대하는 법

폴을 휴대하고 움직일 때는 폴의 중간 부분을 잡는다. 팔과 다리의 움직임이 반대가 되도록 자연스럽게 걷는다. 자연스럽게 움직이면서 손에 있는 폴의 무게를 편안하게 느낀다. 긴 보폭과 손을 완전히 흔들어준다는 느낌으로 걷는다.

2. 시선을 두는 법

시선은 전방 10~15m 정도를 바라보며 약간 위쪽을 바라본다. 얼굴을 아래로 두면 등이 굽고 안 좋은 자세가 된다.

3. 걸음

걸음의 기본 형태는 오자나 팔자가 아니고 십일자 형태로 걸어야 한다. 발과 발의 폭은 5~10cm 내외로 둔다. 발이 지면에 닿을 땐 반드시 뒤꿈치 부분부터 닿아야 몸무게가 분산되어 관절에 무리가 가지 않는다. 걸을 땐 가슴과 어깨를 활짝 펴서 상체를 바로 세운다. 또한, 골반이 많이 움직이는 느낌으로 다리를 곧게 펴고 걷는다. 보폭은 자신의 신장에 약 45% 정도가 적당하다.

4. 팔과 손

팔꿈치가 자연스럽게 펼쳐진 상태에서 폴을 허리 뒤쪽으로 힘차게 밀고 나간다. 뒤쪽 손은 활짝 펴주고 앞으로 내민 손은 폴을 힘껏 잡는다.

오르막과 내리막길 걷기

노르딕 워킹에서 오르막과 내리막길 걷기는 도전적이며 기술이 필요하다. 경사가 있는 길을 걸을 때는 관절이 긴장되어 부자연스러운 걸음이 되기 쉽다. 그러나 경사의 특성에 맞추어 약간의 기술을 익히면 재미있고 더 도전적인 경험을 할 수 있다.

1. 오르막 경사

오르막을 걸을 때는 우선 몸을 약간 앞으로 굽혀 걸어야 한다. 폴을 잡은 팔에 힘을 더 줌으로써 무릎과 장딴지에 힘이 더 들어가게끔 걷게 된다. 폴에 가능한 체중을 많이 실어준다. 경사에도 불구하고 다리를 곧게 펴 걸어야 한다.

2. 내리막 경사

내리막길을 걸을 때는 가능한 작은 발걸음을 걷는다. 그래야 어떤 상황에서든 쉽게 멈출 수 있다. 항상 폴을 몸 뒤에 두고 약간 뒤로 기울여서 걷는 속도를 조절한다. 앞다리를 들 때 체중은 반대편 폴에 실리게 한다. 또한, 내리막길에서 주의하여야 할 점은 다리를 약간 구부려줘야 한다는 것이다. 이런 자세를 취함으로써 몸의 하중이 아래로 실리게 하여 미끄러짐 같은 사고를 방지할 수 있다.

노르딕 워킹의 기술(엑셀의 기술)

노르딕 워킹은 체력 소모가 많은 걷기이므로 워킹을 시작할 때나 폴을 밀고 걸을 때 일정한 요령이 필요하다.

1. 노르딕 워킹의 시작 단계

- 오른팔을 앞으로 그리고 약간 구부려 폴을 잡는다.
- 왼손은 골반 선을 따라 지나고, 폴을 밀 때 왼팔은 뒤로 뻗어 준다.
- 오른쪽 다리는 발목이 땅을 밀치는 것처럼 내디딘다. 왼쪽 다리는 뒤꿈치가 땅을 닿도록 착지한다.

2. 폴을 미는 단계

- 오른팔의 폴을 민다. 이때 왼발도 동시에 밀어준다.
- 양손의 주먹은 몸의 바로 앞부분에서 교차하여 지나도록 한다. 오른손에 있는 폴은 주먹이 골반선을 지날 때 밀쳐준다. 동시에 왼쪽 팔은 폴 그립이 앞으로 가도록 팔을 흔든다.
- 오른쪽 다리는 왼쪽 다리와 균형이 맞도록 약간 구부려준다. 왼쪽 다

리와 오른손의 폴은 몸무게 압력을 같이 받게 한다.

- 오른팔이 완전히 펴질 때까지 폴을 밀어준다. 팔을 효과적으로 완전히 펴기 위해서는 손바닥을 약간 앞으로 펴고 폴을 밀어준다.
- 동시에 왼팔을 좀 구부린 채 왼쪽 주먹과 폴을 위로 약간 밀어준다.
- 왼쪽 다리는 발목이 땅을 밀쳐 딛는 것 같이 뻗는다. 한편 오른쪽 다리는 뒤꿈치와 함께 앞으로 내디뎌 땅을 밟는다.

3. 마지막 단계

- 오른쪽 손의 폴은 손바닥을 편 채 던지듯 밀고 팔은 거의 쭉 뻗어 준다. 왼쪽 팔의 폴 밈을 시작한다.
- 왼쪽 다리에는 힘을 주고, 체중을 오른쪽 다리로 옮긴다. 몸은 앞으로 구부린다.

노르딕 워킹은 어느 정도 해야 적당한가?

초보자

- 5분 워밍업을 한다.
- 15분~30분간 폴을 들고 걷는다. 가슴과 등, 그리고 팔에 느낌이 올 정도로 상체를 사용한다.
- 5분간 아주 천천히 걸은 후 스트레칭으로 마무리한다.

중급자

- 5분 워밍업을 한다.
- 30분~60분 폴을 가지고 빠른 걷기를 한다. 몸의 리듬을 찾으며 걷는다.
- 5분간 아주 천천히 걸은 후 스트레칭으로 마무리한다.

전문가

- 5분간 워밍업을 한다.
- 60분 또는 그 이상 폴을 가지고 걷는다. 이때 날쌔고 강한 걸음으로 오르막과 내리막을 포함한 험준한 지형을 걷는다.
- 10분간 천천히 속도와 강도를 낮추어 걷는다. 스트레칭으로 마무리를 한다.

4장

숲속에서 스트레스 관리하기

공공의 적 스트레스 다스리기

AP통신의 발표에 따르면 우리나라 국민이 다른 여러 나라 국민 가운데 가장 많이 스트레스를 받고 있다고 한다. 시장조사 기관인 입소스(Ipsos)와 공동으로 한국, 미국, 영국, 프랑스, 독일, 캐나다, 호주, 이탈리아, 멕시코, 스페인 등 10개국에서 성인 1,000명씩을 대상으로 조사한 결과 한국에서는 응답자 가운데 81%가 일상적으로 스트레스를 받는다고 답해 조사대상 국가 중 가장 높은 스트레스를 호소했다는 것이다. 우리나라의 뒤를 이어 호주인들은 77%였고, 캐나다인과 프랑스인, 영국인이 각각 76%, 미국인과 독일인은 각각 75%가 일상의 스트레스를 받는다고 호소했다. 반면 멕시코인들은 45%만이 일상적으로 스트레스를 받는 것으로 나타나 가장 낮은 수치를 기록했다. 스트레스란 이렇게 어느 나라 어느 누구를 막론하고 무차별적으로 밀려오는 만인의 공공의 적이다.

또한, 미국 뉴욕에 소재한 스트레스 연구소에서 발표한 자료에 의하면 약 43%의 미국인들은 스트레스로 인해 건강을 해치고 있다고 한다. 더욱 심각한 사실은 초기 병원을 방문하는 환자들의 75~90%는 스트레스에 의한 심인성 질환 때문인 것으로 나타났다. 이런 통계자료는 스트레스가 우리의 심적, 그리고 육체적인 건강에 얼마나 위협적인지를 보여주고 있다.

그렇다면 스트레스의 원인은 무엇일까? 좀 과장해서 표현한다면 우리가 일상에서 경험하는 모든 것들이 정도의 차이일 뿐 스트레스의 원인이 될 수 있다. 본인이나 가족, 친척 및 친구의 질병, 이혼, 부도, 과로, 실직 등은 물론이고 승진, 결혼, 대학 졸업, 심지어는 로또의 당첨 등과 같이 축하하여야 할 사건조차도 우리에게 스트레스를 주는 원인이라고 하니 이 세상에 스트레스가 아닌 것이 없다.

스트레스는 어디서 오는 것일까?

앞에서 설명한 대로 스트레스의 원인은 우리가 일상에서 경험하는 모든 것이 될 수 있다. 그러나 이런 원인이 모두 스트레스로 작용하는 것은 물론 아니다. 스트레스는 외적인 요인보다는 내적인 요인에 의해 발생한다. 즉, 스트레스의 진정한 원인은 외적인 경험에 대하는 심리 태도이다. 예를 들면, 직장을 옮기는 것을 생각해 보자. 어떤 사람에게는 이직이 두렵고 매우 큰 스트레스로 작용한다. 그러나 반면 같은 이직이지만 어떤 사람에게는 새로운 도전이며 큰 기회로 생각하는 사람이 있다. 이처럼 스트레스란 어떤 상황을 어떻게 바라보고 대처하느냐에 따라 많은 차이를 가져온다. 따라서 매사를 대하는 태도를 긍정적으로 가질 필요가 있다. 이 세상의 어떤 일이든지 긍정적인 면과 부정적인 면이 있게 마련이다. 지나친 낙관도 금물이지만 매사를 부정적인 시각으로 바라보는 자세는 스트레스에

스트레스는 우리 몸에 비상사태를 선포하는 신호이다. 사바나에서 수렵과 채취를 하던 조상들도 시달렸다.

영향을 준다.

스트레스와 몸의 변화

스트레스는 우리 몸에 비상사태를 선포하는 신호이다. 즉, 위기에 처해 있으니 이를 어떻게 처리할 것인지 결정을 하라는 신호이다. 그래서 영어로 스트레스 상태를 'fight-or- flight'라고 표현한다. 즉 싸움해서 이김으로 정면 돌파를 할 것인지 아니면 도망갈 것인지를 결정하라는 것이 바로 스트레스이다. 스트레스는 사바나에서 수렵과 채취를 하던 우리의 조상들 때도 있었다. 사냥을 가는 길에 맹수를 만났다면 맞서 싸워 사냥감으로 획득할 것인가, 아니면 맹수에게 잡아먹힐 것 같으니 도망갈 것인가를 빨리 판단해야 했을 것이다. 이것이 우리의 조상들이 겪었던 스트레스이다. 오늘날 스트레스를 주는 외적인 상황은 바뀌었어도 그 메커니즘은 옛날과 다르지 않다. 다시 말해서 '사냥길의 맹수'가 '학교의 시험'이나 '직장에서의 승진'과 같은 대상으로 바뀌었을 뿐이다.

스트레스 상태, 즉 'fight－or－flight' 상태가 되면 우리 몸과 마음은 당연히 긴장 상태에 들어간다. 싸우든 도망가든 최선을 다해야만 살아남기 때문이다. 그래서 스트레스 상태에선 정상일 때와 다르게 몸의 변화가 일어난다. 즉, 위험을 감지한 몸에서는 '아드레날린(adrenaline)'이나 '코티솔(cortisol)'과 같은 호르몬이 혈액을 통해 방출된다.

아드레날린은 우리 몸이 최대한 힘을 가지고 대처할 수 있게 만들어 주는 호르몬이다. 아드레날린은 맥박과 호흡을 높여 신체의 각 부분까지 혈액의 공급을 빨리 시킨다. 즉, 근육이 더 빠르고 효과적으로 작동하게 하고, 빠른 생각을 해서 판단하게 하는 등의 역할을 한다. 아드레날린은 또한 혈액의 응고를 빠르게 하고 피부로부터 혈액을 빨리 빨아드리도록 한다. 그래야만 만약의 사태를 대비한, 즉 맹수에게 물렸을 때 출혈을 최대한 막기 위한 우리 몸의 장치이다. 그리고 코티솔의 증가는 스트레스 상태가 지속하는 한 우리 몸의 대응 상태를 지속하도록 해 주는 역할을 한다. 코티솔의 원래 기능은 염증을 방지하는 역할이다. 자, 우리 몸이 스트레스 상태에 들어가면 모든 신체 기능이 싸우거나 도망가기 위해 집중된다. 따라서 정상적인 면역체계가 약화되기 때문에 이 코티솔을 분비시킴으로 몸을 보호하게 된다.

반대로 스트레스 상태가 되면 우리 몸의 균형을 주거나 정상 상태에 있게 하는 호르몬의 방출을 방해하여 문제를 일으키기도 한다. 다음의 세 호르몬이 바로 그것이다. 과도한 스트레스는 당신의 몸에서 세로토닌, 노르아드레날린, 엔도르핀의 생성을 방해한다. 이런 물질이 부족하거나 생성의 균형이 깨지면 결국 우울증이 되고 만다. 그래서 우울증은 마음의 병이 아니라 뇌에서 이러한 물질의 생성을 방해하여 생기므로 뇌의 병이다. 의사들이 처방하는 항우울제는 이 세 가지 호르몬의 생성을 촉진해 몸의 균형을 이루게 하는 작용을 한다.

1. 세로토닌(Serotonin)

세로토닌은 기분을 즐겁게 해주며, 우리 몸의 생체시계를 잘 작동하게 해 준다. 뇌하수체에서 발생하는 이 물질은 해의 주기와 같이 생성된다고 알려져 있다. 행복의 호르몬이란 별명답게 세로토닌은 삶의 에너지를 주고 의욕을 갖게 한다. 반면 이 세로토닌의 분비가 적어지면 무기력해지고, 우울감에 빠지게 된다. 또한, 생체시계의 작동이 제대로 되지 않아 불면을 초래하기도 한다.

해의 주기와 관련되기 때문에 햇볕이 줄어드는 겨울철에 오는 계절성 우울이나 북반구에 사는 사람들이 겪는 우울증이 바로 세로토닌 분비의 결핍에 있다. 스트레스 상태 역시도 세로토닌 분비에 영향을 준다. 따라서 스트레스에 시달리는 사람들은 무기력하고, 우울하며, 잠에 빠지든지 아니면 불면에 시달리는 생체시계의 오작동을 경험한다.

2. 노르아드레날린(Noradrenaline)

노르아드레날린 역시 생체시계의 작동과 활력적인 삶 등과 연관이 있는 호르몬이다. 따라서 극도의 스트레스 상태에서는 사람들이 무기력과 의욕의 상실을 갖는데 바로 노르아드레날린 분비에 영향을 주기 때문이다. 노르아드레날린의 생성에 문제가 발생하면, 해야 할 일은 많은데 그냥 맥없이 앉아 있고만 싶거나, 소파에 앉아 TV만 보고 싶을 것이다.

3. 도파민(Dopamine)

도파민은 뇌에서 방출되는 엔도르핀과 연관이 있다. 엔도르핀은 진통의 효과를 주는 물질이다. 화학적으로는 모르핀이나 헤로인과 같은 역할을 해서 우리 몸이 다치거나 상처를 입으면 엔도르핀을 방출해 고통을 줄여준다. 스트레스 상태에서는 우리 몸의 도파민 생성에 영향을 주고, 이는 또한 엔도르핀 생성에 영향을 주어서 통증과 아픔에 더욱 민감해지게 만든다. 스트레스로 인한 도파민은 생성 부족은 흥미나 즐거움을 느끼지 못하게 하고 결국 무감정하게 하거나 우울감에 빠지게 만든다.

숲을 이용한 스트레스 관리

많은 연구는 숲이 스트레스 해소에 적지라는 것을 보고하고 있다. 연구결과들에 의하면 숲에 있는 것 자체만으로도 심리적 위안이 되고 생리적으로 안정을 준다고 밝히고 있다. 굳이 연구 결과를 보지 않더라도 경험적으로 우리는 숲이 스트레스 해소에 큰 도움이 된다는 것을 많이 느꼈을 것이다. 우리가 살고 있는 도시를 떠나 숲에 가면 우리는 앓고 있던 모든 근심과 걱정을 잊고 자연의 아름다움에 매료된다. 즉 다른 세계로 들어간 느낌을 받는다. 이것이 일상에서 받은 스트레스를 해소하는 가장 적절한 방법이다. 일상에서 잠시 틈을 내서 공원을 산책한다든지, 심지어 사무실 창밖의 나무를 바라보는 것만으로도 잠시나마 걱정과 근심을 잊고, 스트레스를 해소하며 원기를 회복하는 방법이다.

1. 자주 숲을 접한다

우리는 일상에서 사소한 일로부터도 스트레스를 받는다. 상사나 동료의 말 한마디, 일상적인 업무들…. 이 모든 것들이 스트레스의 원인으로 작용할 수 있다. 이런 자그마한 원인들이 쌓이면 감당할 수 없는 스트레스가 되어 우리 몸과 마음에 과도한 부하를 준다. 자주 숲에 감으로써 일상의 스트레스를 씻어버리는 것이 가장 좋은 원기의 회복 방법이다. 누구나 스트레스를 안 받을 수 없지만 받은 스트레스를 누가 빨리 해소하느냐가 건강과 행복의 지름길이다.

서울에서 근무하는 직장인 1천 명을 대상으로 조사한 연구 결과는 자주 숲을 접하는 것이 얼마나 일상의 스트레스 해소에 도움이 되는지를 잘 나타내주고 있다, 사무실 근처에 숲이 있어 쉬는 시간이나 점심시간을 이용해 자주 숲을 접하는 직장인 5백 명과 숲이 없는 지역에서 근무하는 직장인 5백 명을 조사하여 비교하였는데 숲이 있는 곳에서 근무하는 직장인이 그렇지 못한 직장인들보다 직무 스트레스가 훨씬 적었고 반대로 직무 만족이 훨씬 높았다고 한다.

2. 창을 통해서라도 숲을 자주 본다

창문은 사람들의 기분을 전환하는 데 큰 역할을 한다. 더구나 창을 통해 볼 수 있는 아름다운 자연 풍경과 경관은 일상의 피로회복에 큰 긍정적인 역할을 한다. 1984년 미국의 울리히(Ulrich) 교수[9]가 창을 통해 숲을 볼 수 있는 환자들의 입원 기간이 훨씬 짧았다는 연구를 〈Sciences〉 학술지에 보고한 이후 많은 연구들이 창을 통한 간접적인 숲 접촉이 스트레스와 건강에 도움이 된다고 밝히고 있다. 캐플란(Kaplan)[10]이란 환경심리학자도 숲을 바라보는 것이 중요한 숲 즐김의 한 방법이라고 주장하고 있다. 즉, 실생활에서 여러 이유로 직접 숲을 찾지 못하는 사람들은 창을 통해 숲을 바라보는 것이 정신적 피로를 회복할 수 있는 방법이라고 주장한다.

3. 실내에 화분을 둔다

숲이 밖에 있다면 이것을 떼어 실내로 가져오는 방법이 있다. 아주 쉽게는 나무나 식물의 화분을 실내에서 키우는 방법이다. 특히 사무실에 화분을 두면 사무 능력향상은 물론 직무 스트레스의 감소와 시력 회복에 도움이 된다. 라젠(Larsen)과 그의 동료들이 조사한 연구[11]에 의하면 사무실의 식물이 많을수록 근무자들의 생산성과 기분, 그리고 사무실 환경에 대한 심리태도 등에 긍정적인 영향을 준다고 한다.

---

9. Ulrich, R.S. 1984. View through a window may influence recovery from surgery. Sciences, 224: 420-421

10. Kaplan, R. and Kaplan, S. 1989. The experience of nature: a psychological perspective. Cambridge University Press, Cambridge, NY.421

11. Larsen, L., Adams, J., Deal, B., Kweon, B.S., and Tyler, E. 1998. Plants in the workplace: the effects of plant density on productivity, attitudes, and perception. Environment and Behavior 30(3): 261-281

4. 정원을 가꾼다

정원을 가꿈으로서 얻는 심리적 편익은 자명하다. 최근 호주에서 발간된 호주 정원 협회 소식지에 따르면 정원 가꾸기가 심리적 원기 회복은 물론 공동체 의식의 고양에도 큰 역할을 한다고 주장하고 있다. 우리나라와 같이 아파트가 대체적인 거주 문화인 곳에서 정원을 가꾸는 것은 불가능하다고 생각할지 모른다. 그러나 정원의 개념을 축소해서 생각해 보자. 아파트 창가에 작은 상자형 정원이나 베란다에 만드는 작은 꽃밭 등도 훌륭한 정원이 될 수 있다.

5. 숲 사진을 걸어 놓는다

사무실의 숲 관련 사진이 직장인들의 생산력과 기분, 그리고 피로의 감소에 도움이 된다는 연구도 있다. 미국의 심리학자인 스톤(Stone)[12]은 사무실에 걸려있는 숲과 자연 사진이 들어있는 포스터가 직장인들의 복리에 어떤 영향을 주는지를 조사하였는데 포스터가 직장인들의 자신감, 긍정적인 무드 형성에 큰 도움을 주며, 정신적 피로의 감소에도 도움이 된다고 밝히고 있다.

6. 컴퓨터에 숲을 배경화면으로 둔다

컴퓨터의 배경화면이나 스크린 세이버를 숲 그림으로 바꾸어보자. 우리는 일상에서 컴퓨터와 가장 많이 접촉한다. 따라서 감명 깊고 아름다웠던

---

12. Stone, N.J. 1998. Windows and environmental cues on performance and mood. Environment and Behavior 30(3): 306-321

숲 사진을 보면 그때 숲에서의 행복감이 생각나고 기분이 전환될 것이다. 행복한 생각만으로도 우리 몸의 활력이 솟고 행복의 호르몬이 샘솟는다.

7. 주변의 나무에 대해 공부한다

아파트나 직장 주변에 살고 있는 나무들에 관해 관심을 가지고 공부를 해보자. 우선 이 나무들이 무엇인지 도감을 찾아서 이름을 알아본다. 그리고 그 나무들의 특성을 알아보면 그냥 지나쳤을 때와 다른 친근감이 온다. 어떠한 대상을 알면 알수록 사랑하게 된다는 말처럼 이제 더 이상 이름 모를 한 그루의 나무가 아니라 서로 교감하며 친구처럼 지낼 대상으로 다가올 것이다. 북미주 인디언들은 나무를 하나의 영적 후원자로 생각한다. 일상에서 피로가 밀려왔을 때 나무를 찾아 껴안음으로써 나무의 기를 받고 원기를 회복하기도 한다. 우리도 피곤함에 지쳐 있을 때 주변의 내 나무를 찾아가 하소연도 해보고 껴안고 나무의 기를 받아보자.

숲에서 감성 되살리기

우리는 감성이 화두가 된 사회에 살고 있다. 감성경영, 감성 마케팅, 감성 디자인…. 수없이 많은 분야에서 감성을 앞세운다. 감성은 자극이나 자극의 변화를 느끼는 성질이며 이성에 대응되는 개념이다. 감성은 다른 사람이나 대상을 오관(五官)으로 감각하고 지각하여 어떤 형상을 형성하는 인간의 인식 능력이다. 감성 시대엔 사람들의 기분과 감정에 긍정적 영향을 주어 원하는 바를 얻거나 사람들의 행동을 변화시킨다. 감성이 중요시되는 사회에서는 섬세한 감정 · 감각 · 부드러움 · 유연함 · 톡톡 튀는 아이디어 · 창조성 등의 자질들이 중요한 능력으로 평가받는 시대이다.

예를 들어 과거에는 상품의 품질과 가격, 서비스 등을 앞세운 경영의 개념이 주였다면, 최근 화두가 되는 '감성경영'이란 '고객이나 직원의 감성에 그들이 좋아하는 자극이나 정보를 전달함으로써 기업 및 제품에 대한 호의적인 반응을 일으키는 경영방식'을 말한다. 따라서 품질뿐만 아니라 이를 바탕으로 고객과의 감정교류가 이루어져야 한다는 것이다.

몇년 전 해외 출장에서 겪은 일이다. 밴쿠버 시내의 스타벅스 커피점에서 카푸치노 한잔을 주문하였는데 점원이 내게 이름(first name)을 물었다. 나중에 커피가 나오자 그 점원은 내 이름을 부르면서 그 잔을 건네주었다. 이렇듯 커피 한 잔을 파는데도 고객의 이름을 불러주는 감성경영이 적용되는 시대에 우리는 살고 있다. 따라서 감성을 계발하고 이를 활용해 생활에 적용하지 않으면 시대에 낙오되기 쉽다. 지능이나 지식수준보다는 감성 지수가 높아야 성공할 수 있는 시대에 우리는 살고 있다. 감성지수(感性知數, emotional quotient)는 자신의 감정을 다스리고 다른 사람의 감정까지 읽어내는 지수로서 대인관계를 원활히 하는 사회 적응 능력을 평가한 것이다.

감성지수가 왜 높아야 하는가?

사람은 누구나 감성을 가지고 있다. 즉, 마음으로 어떤 대상을 느낄 수 있고, 마음을 움직이고 다스릴 수 있는 능력이 있다는 말이다. 그런데 이런 능력은 개인마다 천양지차이다. 마치 사람마다 지능이 다르듯이 말이다. 그래서 다니엘 골만은 이런 감성의 능력을 측정하여 나타내는 감성지수 또는 감성지능이라 불리는 개념을 창안했다. 다니엘 골만은 감성지능(EQ: emotional quotient)은 마음의 지능지수라고 표현하면서 감정을 이해하고, 삶을 풍요롭게 하는 방향으로 감정을 다스릴 줄 아는 능력을 의미한다고 정의했다.

감성지능의 두 축은 바로 감정의 이해와 감성을 다룰 줄 아는 능력이다. 그래서 감성지수가 높은 사람은 다른 사람의 감정을 잘 파악하고, 이를 활용해 원만한 관계를 유지한다. 또한 감성지수가 높다는 것은 감정을 다룰 줄 아는 능력이 높다는 의미이므로 내 마음을 대상으로 할 경우 '자기조정 능력'이 되는 것이고, 다른 사람의 마음을 대상으로 할 경우는 '인간관계 능력'이 되는 것이다. 따라서 감성능력은 자기감정을 알고 조절하고 다스리는 능력과 남을 이해하고 원만하게 관계를 형성하는 능력을 합한 개념이다. 감성계발연구소 강윤희 소장은 감성지수가 높은 사람을 다음과 같이 표현하고 있다.

"감성능력이 높은 사람들의 경우 자신의 감정을 다스리는 데 있어서 통제 불능상태로 감정에 휘둘리는 일이 별로 없다. 성공을 누리되 자만과 오만을 경계하며, 실패를 인정하되 그로 인한 좌절감을 재빨리 극복하고 예전의 감정 상태를 회복한다. 다른 사람들과 관계에 있어서도 감정이입을 통해 상대의 입장이 되어 느껴보고, 마음을 헤아리고, 적절하게 표출시켜, 조정하고 협상하는 데 뛰어난 능력이 있다."

숲, 감성의 보고

과거 농경시대에는 육체의 힘이 능력이었고, 20세기는 지능, 정보, 지식이 경쟁력이었다면, 앞으로의 시대는 감성이 지배하는 사회라는데 미래학자들은 동의한다. 그러면 우리가 가진 감성을 어떻게 찾아내고 배양하여 감성지수를 높일 것인가? 감성은 오감으로 인지하고, 이를 마음으로 느끼고 이해하는 능력이 중심이다. 따라서 감성지수를 높이는 가장 기본은 우리가 가진 오감을 민감하게 만드는 일이다. 우리는 원래 민감한 오감을 가지고 태어났다. 갓 태어난 신생아를 보라. 잠을 자면서도 주위의 조그만 소리에도 깜짝깜짝 놀라곤 한다. 울다가도 엄마가 안으면 엄마 품의 포근함, 엄마의 냄새를 금방 알아차리고 울음을 그친다.

그런데 우리는 살아가면서 이 민감한 오감의 능력을 퇴화시키고 있다. 원인은 여러 가지겠지만 크게 오염과 같은 외부의 자극에 의해 무너어졌거나 가진 능력을 쓰거나 계발하지 않고 퇴화시켰기 때문이다. 따라서 감성지수를 높이려면 우리의 오감을 원래 상태로 민감하게 회복시켜야 한다.

무뎌진 우리의 오감과 감성을 살리는 최적의 장소는 숲이다. 숲은 우선 오염과 떨어져 있고 순수함으로 가득 찬 세계이다. 우리는 인위적인 것 때문에 감각이 무디어져 있다. 텔레비전, 컴퓨터, 전등, 네온사인 등의 현란한 색과 시각적 자극이 눈을 무디게 만들고, 여기저기서 울리는 경적과 전화벨 소리가 귀를 어지럽힌다. 우리의 후각도 마찬가지로 각종 산업화의 산물에 의해 쇠퇴해져 있다.

숲에 들어서면 이러한 인위적 오염물질에서 벗어나 자연의 순수함이 우리의 감각을 되살릴 기회를 준다. 새소리, 바람 소리가 기계음에 익숙해져 있던 귀를 정화시켜주고, 숲이 뿜어내는 자연 향이 우리의 코를 원래대로 민감하게 돌려놓는다. 이뿐만이 아니다. 숲에는 우리의 몸과 마음을 안정되게 해주는 물질이 있어 심리적/생리적으로 마음을 차분히 가라앉게 한다. 이런 숲의 환경과 상태가 우리의 감성을 살아나게 하는 요소들이다.

숲이 주는 또 하나의 감성 자극 효과는 스스로를 돌아볼 수 있는 기회를 준다는 것이다. 우리는 일상에 쫓기듯 살아감으로 자신을 돌아볼 기회가 좀처럼 생기지 않는다. 그러나 숲에 가면 차분한 마음으로 나를 돌아보고 자신의 감정을 정리할 시간을 가질 수 있다. 어떤 기억은 부끄러움을 느끼게 하고 어떤 기억은 감사함을 느끼게 한다. 이런 감정의 회복이 우리의 감성지수를 높여준다. 그래서 감성계발연구소 강윤희 소장은 "숲은 마음 · 느낌 · 감각이 중시되는 이 감성시대에 감성의 훈련 · 계발 · 회복을 위한 보고로써 삶의 감각을 되찾게 해주는 감성충전소이자 삶의 활력소"라고 표현한다.

숲에서 익히는 감성 훈련

앞에서 설명했듯이 숲에는 무궁무진하게 많은 감성을 자극하고 민감하게 하는 요소들이 있다. 이들을 활용하여 재미있게 우리의 감각과 감성을 민감하게 하는 체험을 소개한다.

1. 숲에서 촉각 느끼기(1)

- 숲속의 적당한 공간을 찾는다. 그리고 주변에서 자신이 좋아하는 자연물이나 맘에 드는 자연물을 몇 개 찾아 바구니나 봉지에 넣는다. 솔방울, 나뭇가지, 열매, 작은 돌 등 아무거나 좋다. 손에 잡을 수 있을 정도의 크기면 된다.
- 눈을 감고 손을 봉지에 넣어서 하나를 잡는다. 손으로 잡고 신중히 그리고 온 신경을 손바닥에 집중하여 느껴본다. 만지는 자연물의 질감이나 밀도, 가지고 있는 온도까지도 느껴본다. 이 자연물의 전반적인 것까지 상상하며 느낄 수 있도록 시간을 가지고 체험한다.
- 눈을 천천히 뜨고 그 자연물을 본다. 상상했던 것과 어떤 차이가 있

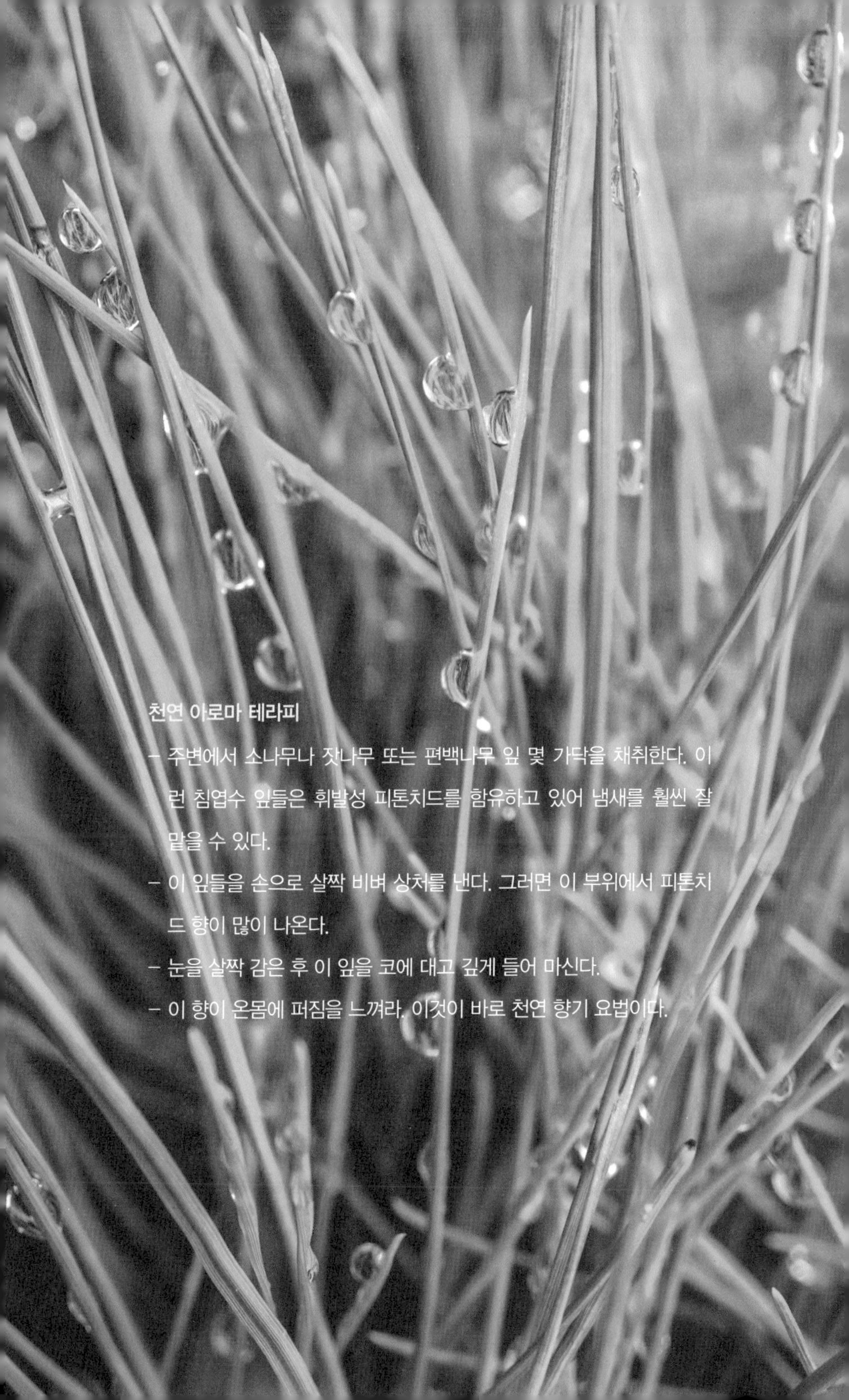

천연 아로마 테라피

- 주변에서 소나무나 잣나무 또는 편백나무 잎 몇 가닥을 채취한다. 이런 침엽수 잎들은 휘발성 피톤치드를 함유하고 있어 냄새를 훨씬 잘 맡을 수 있다.
- 이 잎들을 손으로 살짝 비벼 상처를 낸다. 그러면 이 부위에서 피톤치드 향이 많이 나온다.
- 눈을 살짝 감은 후 이 잎을 코에 대고 깊게 들어 마신다.
- 이 향이 온몸에 퍼짐을 느껴라. 이것이 바로 천연 향기 요법이다.

는지를 알아보고, 다시 한번 자연물을 만져본다.

- 자연물과 체험에 대한 이야기를 적어본다. 집에 돌아와 체험을 읽어 보고 감각을 되살려 본다.

2. 숲에서 촉각 느끼기(2)

- 숲속에서 자신이 좋아할 만한 공간을 찾는다. 그다지 위험한 지형이나 사물이 없는 곳을 택하여 나무, 바위 등이 있는 적당한 공간이면 좋다.
- 눈을 감고 사물들을 만지며 촉감을 느낀다. 나무의 껍질, 땅의 흙, 바위의 표면 등을 온 촉감을 동원하여 느낀다.
- 손뿐만이 아니라 몸의 다른 기관을 이용하여 촉감을 느낀다. 얼굴을 비벼보고, 맨발로 느껴보고, 입술로도, 그리고 등으로도 촉각을 느껴본다.
- 몸의 부위에서 느끼는 촉각이 각각 다름을 인지해본다.
- 눈을 떠서 사물을 보고 각각의 몸 부위에서 느꼈던 촉감을 연결해본다.
- 느꼈던 사물과 느낌, 그리고 체험을 적어본다. 집에 돌아와 체험을 읽어보고 감각을 되살려 본다.

3. 숲 소리 듣기 - 소리로 숲 경험하기

- 숲에 들어가 편안한 장소를 찾는다.
- 눈을 감고 주변의 모든 소리에 주의 깊게 귀를 기울인다.

감성을 일깨우는 산림욕

- 봄 햇살 맞으며 산림욕 하기
- 꽃과 나무 이름 외우면서 산림욕 하기
- 비 오는 날 숲길 걸어보기
- 안개 낀 숲길 걷기
- 여름날, 초저녁 걷기
- 여름밤, 별 세면서 걷기

- 자, 이제 이 들리는 소리와 장소의 모든 요소와 연관 지어 보자. 시냇물 소리와 물이 흘러가는 모습을 상상한다. 나뭇가지에 바람이 스치는 소리를 흔들리는 나뭇가지 모습과 연관시킨다. 이렇게 소리의 하나하나를 주위와 연관시켜본다.
- 순간순간 그 소리가 어떻게 변화하는지도 감지한다.
- 느꼈던 소리와 느낌, 그리고 체험을 적어본다. 집에 돌아와 체험을 읽어보고 감각을 되살려 본다.

4. 나만의 나무 만들기

나무와 친구가 되어본 적이 있는가? 혹시 무슨 소리인가 궁금해하는 독자가 있다면 감성을 키우는데 좋은 친구를 하나 소개하려 한다. 자기의 생활권, 즉 집이나 직장, 또는 학교 주변에 좋아하는 나무를 하나 골라 친구를 만들어보자. 친구를 만들 나무를 고르는 것도 중요하다. 친구를 아무나 사귀는 것이 아니니까 말이다. 여러 번 주변을 오가며 마음에 이끌리는 친구 나무를 찾아보자.

그리고 나무를 찾았으면 이름도 지어주고 자주 찾아가 대화를 나누자. 기쁜 일은 물론이고 마음이 상하거나 울적할 때도 찾아가 감정을 나누어보자. 어느 순간부터 그 친구와 감정이 교류될 것이다. 이런 감정의 교류를 일기 형식으로 적어보자. 몇 달이 지나면 나의 감성이 얼마나 풍부해지고 감성 지수가 높아졌는지를 실감할 수 있을 것이다.

숲에서 감각 되살리기

숲에서 감각을 일깨우는 연습은 우리와 숲을 깊게 연결할 수 있게 해 준다. 우리가 보고, 듣고, 만지고, 냄새 맡고, 심지어 맛보는 것 모두와 연결하는 것은 우리 자신과 자연과의 교류와 동화를 이루어지는 최선의 길이다. 이런 경험은 우리 자신이 자연과 일부가 되는 느낌, 또한 내 안에 자연이 들어 온 느낌을 받을 것이다. 이것이 우리가 가진 원초적 자아를 일깨운다. 이럴 때 우리는 진정한 자유와 살아있음과 우주 만물과 내가 연결되어 있음을 느낄 것이다.

- 눈을 감는다.
- 가능하면 신발과 양말을 벗고 맨발로 땅을 딛는다. 그리고 발바닥으로 땅의 느낌을 느낀다. 이렇게 하면 발바닥의 신경을 자극하고 이 자극이 온 몸으로 퍼질 것이다.
- 몸의 중력이 땅에 내려지는 것을 느낀다.
- 주변에서 들리는 소리를 귀 기울여 듣는다.
- 피부에 와 닿는 바람의 촉감을 느낀다.
- 숲에서 뿜어내는 냄새를 코로 흠뻑 맡는다.
- 자신의 내면에서 나오는 소리를 듣는다.
- 이런 감각의 느낌을 한참 동안 향유한다.
- 눈을 뜨고 자신이 느꼈던 감정과 사물을 연결시킨다.

숲에서의 명상

명상하면 항상 어렵고 멀게만 느껴지고, 무언가 훈련된 사람들만의 전유물처럼 생각되기 쉽다. 《치유명상》의 저자 윤종모 신부는 명상이란 "지금 이 순간의 의미와 행복을 찾아가는 것"이라고 설명한다. 현대인들은 바쁜 삶의 일정을 따라 사느라 자신의 내면과 평화를 찾을 기회가 없다. 명상이란 일상의 번거로움과 스트레스에서 벗어나 잠시 고요히 마음을 가라앉혀 내면의 평화를 얻는 것이다. 그런데 어떻게 이 순간의 의미를 느끼고 행복을 찾아갈까?

명상이란 무엇인가?

명상이란 일상의 번거로움과 스트레스에서 벗어나 잠시 고요히 마음을 가라앉혀 내면의 평화를 얻는 것이다. 그런데 어떻게 이 순간의 의미를 느끼고 행복을 찾아갈까? 명상은 마음의 훈련, 특히 집중력과 의지력의 훈련을 통해 얻을 수 있다. 명상은 우리가 살면서 닥치는 문제를 회피하고,

삶의 무게로부터 도망치게 하는 것이 아니다. 오히려 이러한 문제들을 객관적으로 대처하고 어려움을 극복할 수 있는 능력을 키우는 것이 명상의 힘이다. 명상이란 마치 유리잔에 들어있는 진흙탕 물과 같다. 처음엔 물과 진흙이 뒤섞여 혼탁하지만, 시간이 흐를수록 조금씩 진흙이 가라앉고 깨끗한 물이 된다. 명상을 통하여 우리의 몸과 마음도 이렇게 조금씩 치유되는 것이다.

명상의 효과는 이미 많이 알려져 있다. 최근까지 1,000건이 넘는 연구에서 명상이 건강증진에 도움이 된다는 연구결과가 있다고 한다. 그중에서도 심박동수를 낮추고, 근육의 긴장도를 완화하며, 스트레스 호르몬 분비를 억제하고, 혈압을 낮추는 효과는 매우 명확하게 나타난다. 각종 연구에서 밝혀진 명상의 효과를 간추려보면 다음과 같다.

- 명상을 하면 세상을 보는 관점이 바뀐다.
- 명상은 정서를 안정시키고 감상을 강화시킨다.
- 명상은 상한 감정을 치유하고, 사랑과 위로, 그리고 용기를 갖게 한다.
- 명상을 하면 몸과 마음이 건강해진다.
- 명상을 하면 집중력이 강화된다.
- 명상은 면역력을 높여주어 성인병의 예방과 치유에 도움을 준다.
- 명상은 긍정적인 마음을 갖게 한다.
- 명상을 하면 창조력이 발달한다.
- 명상을 하면 잠재력을 계발시켜 능력을 키워준다.
- 명상은 자존감을 키워준다.

- 명상은 깨달음을 얻어 자아를 초월하게 한다.
- 명상을 하면 자연과 하나라는 일치감을 느끼게 한다.
- 명상을 하면 궁극적인 행복감을 얻을 수 있다.

(출처: 윤종모, 《치유명상》)

명상에는 왜 숲이 최적지인가?

명상은 집중력의 훈련이다. 따라서 명상을 시작하려는 초보자들에게는 집중하기 쉬운 장소가 좋다. 숲이 가진 여러 가지 특징은 명상의 장소로 적합하다.

1. 숲이 주는 아늑함과 평안함

숲은 다른 환경보다 아늑하고 평안한 느낌을 준다. 특히 사방이 나무로 둘러싸여 있고 양지쪽이고 얼마간의 평평한 공간이 확보된 숲이면 더욱 그러한 느낌을 준다. 이런 곳에서는 자신의 몸과 마음이 이완되고 긴장이 풀린다. 즉, 몸과 마음이 아주 안정되고 편안한 상태가 된다. 따라서 이런 숲이 주는 심리적, 육체적 이완과 편안함은 명상의 최적 조건을 제공한다.

2. 숲이 주는 신선함과 고요함

우리는 일상의 소음과 공해에 익숙해 있다. 자동차, 전화벨, 컴퓨터 등 일상에서 익숙하게 들리는 소리는 우리에게 긴장과 불안을 야기시키는 것들이 대부분이다. 그러나 숲에는 이런 소리가 단절된 고요함이 있다. 고요함은 자신의 내면의 소리를 듣기 위한 필수요소이다. 또 이러한 침묵의 소

명상 맛보기

- 앉아서 상체를 곧게 편다. 마치 친한 친구와 대화를 나누는 것 같이 편한 마음을 갖는다.
- 눈을 감는다.
- 길고 깊은 호흡을 한다. 앞에서 소개한 호흡 방법을 이용한다.
- 숨이 가장 많이 느껴지는 곳에 집중을 한다. 횡격막이든, 가슴이든 아니면 콧구멍 아래일 수도 있다. 어느 곳이든 상관없다.
- 집중한 곳에서 다음 다섯 번의 심호흡을 느끼고 관찰한다.
- 눈을 뜬다.

리는 의식을 집중시키는 데 도움이 된다.

3. 숲이 가진 오감 요소는 우리의 생리와 일치한다

이 책의 서두에서 설명했듯이 우리의 몸과 마음은 숲에 일치하도록 설계되어 있다. 따라서 숲에서는 의식과 무의식이 활성화되어 장소와 일치하는 환상의 경험을 갖게 한다. 인본주의 심리학자들은 그래서 순수 상태의 자연에 있을수록 사람들은 정상경험(즉, 짧은 시간이지만 진정한 행복을 느끼고 심리적으로 성장하는 순간)을 자주 한다고 보고하고 있다. 새소리와 물소리 같은 자연의 소리, 아름다운 숲의 풍경과 같은 우리의 오감을 자극하는 숲의 요인은 심리적 또는 육체적으로 이완과 집중을 할 수 있게 한다.

4.숲의 건강 물질은 집중에 도움을 준다

숲에는 우리의 건강에 도움을 주고 신진대사를 활발하게 도와주는 여러 물질이 많다. 식물들이 발산하는 피톤치드, 신선한 공기, 풍부한 산소, 음이온 등…. 수없이 많은 건강 물질들이 우리의 정신 집중에 도움을 준다. 피톤치드와 음이온이 인체에 미치는 영향을 실험한 연구결과에서도 이들 물질은 피험자들의 심리적 안정과 인지력 향상에 도움이 되는 것으로 나타났다. 따라서 숲의 건강 물질은 명상에 큰 도움을 줄 것이다.

명상은 우리 몸의 유전자까지도 바꾼다

명상이 우리에게 마음의 평화와 안정뿐만 아니라 우리 몸의 유전자까지도 바꾼다는 연구결과가 발표되었다. 최근 미국 하버드대학 부속병원인 매사추세츠 종합 병원의 심신의학연구소가 수행한 연구에 따르면, 명상이 스트레스에 대한 우리 유전자의 반응양식을 바꿀 수 있다고 한다. 연구자들은 M그룹, N1그룹, 그리고 N2그룹이라고 명명된 세 집단을 대상으로 조사를 하였는데 M그룹은 매일 명상을 수행하는 19명으로 구성되었고, N1그룹은 명상은 하지 않지만 건강한 19명의 사람들로 구성된 집단, 그리고 N2 그룹은 8주간의 명상에 관련한 훈련을 받은 20명으로 구성되었다. 이 연구에서는 이들 세 집단에 대해 혈액을 채취해서 유전자의 전사(transcription) 프로파일을 평가하였다. 연구결과 M과 N1 그룹은 2,209개의 유전자가 많이 달랐으며, N1과 N2 그룹은 1,561개의 유전자가 많이 달랐다. 그런데, 433개의 유전자는 M과 N1, 그리고 N1과 N2 그룹의 비교에서 모두 많이 달랐는데, 이는 8주간의 이완반응 훈련으로도 이들 유전자의 발현양상이 변한다는 것을 의미한다고 연구진은 밝히고 있다. 결론적으로 명상에 의해 우리 몸의 유전자 발현양상이 바뀔 수 있다는 것을 과학적으로 입증되었다는 것이 이 연구의 가장 커다란 의의라고 연구진은 밝히고 있다.[13]

---

13. Genomic Counter-Stress Changes Induced by the Relaxation Response.
Jeffery A. Dusek, Hasan H. Otu, Ann L. Wohlhueter, Manoj Bhasin, Luiz F. Zerbini, Marie G. Joseph, Herbert Benson, Towia A. Libermann. PLoS ONE 3(7): e2576, Published online 2 July 2008

명상에 들어가기 전, 몸과 마음 준비

명상에 들어가기 위해서는 몸과 마음의 준비를 갖추어야 한다. 긴장을 풀고 편안한 호흡을 시작하면서 명상에 들어가야 한다.

1. 몸과 마음의 이완

명상은 마음의 평안과 나를 돌아보는 활동이므로 무엇보다 몸과 마음의 이완이 중요하다. 몸과 마음의 이완은 경직된 상태의 나를 풀어주는 것이며, 명상의 가장 기본적인 준비단계이다. 긴장, 불안, 분노, 미움, 또는 흥분된 상태에서는 집중이 되지 않고 따라서 명상에 들어가기 어렵다. 바쁜 삶에 쫓기듯 살아가는 현대인들에게 몸과 마음의 이완은 쉽지 않다. 늘 긴장하고 있지 않으면 도태되거나 경쟁에서 이길 수 없는 생활이 몸에 배어 있기 때문이다. 몸과 마음의 이완을 위해서는 심호흡이 효과적이다. 심호흡을 하려면 우선 편안한 자세를 취한 후 눈을 감는다. 숨을 천천히 그리고 규칙적으로 들이쉬며 내뱉는다. 숨을 들이켤 때 마음속으로 하나, 둘, 셋, 넷을 센다. 그리고 숨을 참으며 또 하나, 둘, 셋, 넷을 센다. 천천히 숨을 내쉬면서 또 한, 둘, 셋, 넷을 센다. 숨을 내쉬면서 몸속의 온갖 나쁜 기운과 감정이 다 빠져나가는 듯한 느낌을 갖고, 그 기분을 즐겨본다. 한 3분 정도 이런 심호흡을 하고 나면 어느샌가 나의 몸과 마음이 풀려 있음을 느낄 것이다.

2. 안정된 호흡

호흡법은 명상에서 기본적이면서도 중요하다. 호흡은 우리 몸과 마음의 일부분이다. 우리가 화가 나 있거나 흥분한 상태에서는 호흡이 거칠어진다. 반대로 편안하거나 안정된 상태에서는 호흡 또한 안정되어 있다. 이를 반대로 응용해 볼 수 있다. 우리가 화가 나거나 흥분되어 있을 때 호흡을 가다듬으면 마음이 안정된다. 따라서 호흡은 마치 어머니 품에 있는 아기와 같이 우리의 몸과 마음에 영향을 끼친다.

명상을 위한 호흡 방법은 다음과 같다. 이 방법은 틱낫한의 걷기 명상[14] 중에서 〈마음을 챙기는 호흡명상〉을 간추린 것이다

① 편안하게 느끼는 자세로 앉는다.
② 어깨의 힘을 빼고 축 늘어뜨려서 머리와 목이 척추와 일직선이 되도록 한다.
③ 턱의 긴장을 풀어주기 위해 입을 가능한 크게 벌리고 숨을 들이쉰다. 들이쉬는 숨과 함께 모든 생각들이 배로 내려가 머물도록 한다.
④ 숨을 내쉴 때는 몸의 긴장과 스트레스들이 풀어지면서 온몸이 부드럽고 깨끗해지는 것을 느낀다.
⑤ 이 호흡법을 통해 마음의 평화가 오면 호흡은 점점 깊고 고요해지며 느려진다.

3. 명상의 장소와 주변 환경

명상을 처음 시작하는 사람들에겐 편안하게 자신에게 몰입할 수 있는 환경이 필요하다. 그래서 잔잔한 음악을 틀어놓거나 향을 피우기도 한다.

---

14. 틱낫한&뉴엔 안-흥지음, 이은정옮김. 2007. 틱낫한의 걷기명상. 갤리온

심호흡의 효능

심호흡은 우리 몸의 주요 면역기능인 림프관 시스템에 강력한 영향을 준다고 한다. 림프관 시스템은 몸의 청소부이며 노폐물과 세포의 부산물을 끌어내 없애준다. 림프관은 심장과 같이 림프액을 순환시키는 펌프가 없다. 심호흡은 이 림프관 시스템에 자극을 주어 평상시보다 우리 몸의 독소를 약 15~20배 정도 많이 제거한다고 한다.

심호흡을 하면 우리 마음이 차분해지고 집중된 상태로 몰입되기 쉽다. 이는 심호흡이 부교감신경의 활성과 밀접한 관련이 있기 때문이다. 우리 몸의 자율신경은 교감신경과 부교감신경으로 나누어 작용한다. 교감신경은 우리의 몸과 마음을 각성시키고 긴장의 상태로 만든다. 대부분 낮에 일하는 시간은 교감신경이 우위에 있는 시간이다. 반대로 부교감신경은 우리를 안정되고 이완되게 한다. 휴식을 취하는 밤에는 따라서 부교감신경이 우위 상태가 된다. 그런데 이 부교감신경이 우위 상태일 때는 호흡이 느리고 깊어지며 맥박이 느려지고 혈압도 낮아진다. 이런 호흡과 부교감신경의 상관관계를 이용해 심호흡을 하면 부교감신경의 활성을 촉진시키고 몸과 마음이 안정된 상태에 이르게 된다.

숲에서는 자신의 마음이 끌리는 아늑한 장소를 찾는 것이 중요하다. 숲에서 들리는 자연의 소리에 귀를 기울이면 집중이 쉬워진다.

4. 명상을 준비하는 마음 자세

밖에서 뛰노는 어린아이를 보자. 무엇이든 호기심을 가지고 신기하게 관찰한다. 이런 아이들과 같이 순진하고 무엇이든 받아들이려는 마음이 필요하다. 우리는 선입견과 습관에 굳어져있다. 명상은 이런 선입견과 습관을 깨어버리고 진정한 나를 찾는 과정이다. 또 새로운 시각으로 세상을 보는 눈을 뜨는 것이다.

숲에서 명상하기

숲은 명상하기에 아주 좋은 장소이다. 도시의 복잡함을 벗어나 자신을 돌아볼 수 있는 환경이 바로 숲이기 때문이다. 숲은 소음이 차단되어 고요하며, 자연의 소리가 있고, 나만의 아늑함을 느낄 수 있는 장소이기 때문에 명상을 수행하기가 쉽다. 그러나 명상이 처음 시작하는 사람들에겐 사실 어떻게 해야 하는지 막막할 수도 있다.

다음은 숲에서 가장 쉽게 명상을 시작하는 방법이다.

1. 하루 중 가장 좋은 시간을 찾아내라

하루 중에서 자신에게 가장 잘 맞는 시간대를 찾아내는 것도 매우 중요하다. 다른 모든 활동과 마찬가지로 명상은 규칙적으로 수행하는 것이 효과적이다.

2. 조용한 환경을 찾는다

숲에서 산림욕을 하다 자신이 혼자 있을 수 있고 자신에게 맞는다는 느낌이 드는 장소이면 어디든지 좋다. 탁 트인 전망이 있어도 좋고, 사방이 나무나 산으로 둘러쌓여 있는 곳도 좋다.

3. 편안히 앉을 수 있는 곳을 찾는다

자신이 편안히 앉을 수 있는 평평한 곳을 찾아 허리를 쭉 펴고 앉는다. 양반 자세와 같이 편한 자세로 앉는다.

4. 몸과 마음을 이완시킨다

몸을 이완시키는 가장 좋은 방법은 몸을 좌우로 몇 번 흔들어 균형을 잡아주는 것이다. 엉덩이를 축으로 상체를 좌우로 흔드는 동작을 몇 번 반복하면 몸이 이완되는 것을 느낄 수 있다.

5. 심호흡을 한다

심호흡을 하게 되면 심리적/생리적 상태가 안정되어 심박수가 떨어지고, 근육의 긴장이 풀리며, 무언가에 집중하기 좋은 환경이 조성된다. 명상에 들어가기에 앞서 몸 안에 있는 탁한 기운을 호흡과 함께 가능한 한 많이 뱉어낸다.

6. 자신의 몸을 느껴보라

명상의 좋은 연습방법 중 하나는 자신의 몸의 일부에 집중하는 것이다.

마음이 평안해지면 발가락부터 시작해서 머리끝까지, 심지어는 자신의 내장기관이 보내오는 신호를 탐지하려고 노력해본다. 몸의 이상도 찾아낼 수 있고, 집중력을 기르는 데에도 도움이 된다.

7. 자연스럽게 명상을 한다

특별히 무슨 생각을 하는 것도 좋고, 주변 사물의 소리 등을 가만히 들어보는 것도 괜찮다. 새들의 지저귐이나 개울 물소리 같은 것에 집중해서 듣는 것도 집중에 도움을 준다. 초심자들은 눈을 감고 명상을 하는 것이 쉽지 않다. 한 대상을 정해 바라보는 것이 처음에는 가장 쉽게 적응을 할 수 있는 방법이다. 실내에서 촛불을 켜고 그것을 바라보며 명상을 하는 이유가 쉽게 집중을 하기 위해서이다. 나뭇가지나 열매, 꽃 등을 바라보며 집중한다.

8. 잡생각이 떠오르면 물리쳐준다

명상을 처음 하는 사람들은 물론이고 어느 정도 명상을 했다는 사람들조차도 잡념을 떨쳐버리는 것은 어려운 일이다. 직장에서 나를 괴롭히는 상사 때문에 받았던 스트레스, 제출해야 할 보고서, 자녀의 시험 걱정 등 등. 수 없는 걱정과 근심이 꼬리를 물고 나타난다. 집착하지 말고 흘려보내야 한다. 여러 가지 생각이 나는 경우 심호흡을 다시 하고 처음부터 마음을 다잡고 집중을 한다.

9. 생각이 서서히 줄어들면 하나의 생각에 정신을 집중하도록 한다

하나의 생각에 마음이 모이면 가능한 그 생각을 오래 하면서 즐겁고 긍정적인 느낌을 갖는다. 이런 즐거운 느낌을 오랫동안 즐기면서 수행을 하다 보면 영혼이 맑아지고, 마음의 평화가 오며, 피로도 곧 가시게 된다. 이 상태에서 깨어나기 위해서는 곧 명상이 끝날 것임을 자신에게 암시한다.

10. 천천히 눈을 뜬다

천천히 눈을 뜨고 이제 명상이 끝났다는 자기 암시를 충분히 준다. 눈을 뜨고 주위를 편안한 시선으로 둘러보며 3~4회 심호흡을 한다.

숲속의 걷기 명상

아름다운 숲속을 걸으면서 세상의 모든 근심과 걱정을 잊고 자신의 내면을 살펴보는 것, 그 자체가 훌륭한 명상이다. "숲에서는 누구나 철학자가 된다"라는 말이 있다. 숲은 심리적으로 자신을 성찰할 수 있는 기회를 제공하기 때문이다. 숲을 걸으면서 자연과 하나 되고 삶을 돌이켜 볼 수 있는 것 그 자체가 바로 간단한 명상이다. 현대인들에게 걷는다는 것은 신체적 건강뿐만 아니라 정신적/심리적 건강과 정신수양을 위한 명상으로도 효과적이다. 걸음을 통하여 자신의 내면에 있는 분노를 다스리고, 스트레스를 해소하여 명상의 효과를 충분히 얻을 수 있기 때문이다.

걷기 명상은 산림욕을 하면서 수행하기에 아주 적합하다. 몸을 움직여 걸으면서 명상을 하기 때문에 잡념이나 지루함이 덜 하고 쉽게 집중할 수

있는 장점이 있다. 간단히 그 방법을 소개하면 다음과 같다.

걷기 명상의 첫 단계도 역시 몸과 마음의 이완이다. 서 있는 상태에서 어깨와 가슴의 힘을 빼고 몸을 이완시킨다. 그런 다음 숨을 들이마시면서 오른쪽 다리를 들어 올린다. 발뒤꿈치부터 천천히 들어 올려 발 전체가 지면에서 약간 떨어진 상태에서 앞쪽으로 옮긴다. 반대로 숨을 천천히 내쉬면서 땅에 내려놓는다. 내려놓을 때도 발뒤꿈치가 먼저 땅에 닿게 한다. 오른쪽 발바닥이 땅에 완전히 닿았을 때, 왼쪽 발뒤꿈치를 서서히 들어 올린다.

쉽게 생각하면 보통 걷는 동작을 아주 느리게 한다고 보면 된다. 다시 말하면 느리게 걷는 동작에 호흡을 결합한 형태이다. 걷기 명상의 포인트는 다리의 느낌을 잘 알아채는 것이다. 한 걸음 걸을 때마다 몸의 무게 중심이 바뀌고, 다리의 느낌도 이완 상태에서 긴장 상태로 바뀐다. 그 변화를 잘 느끼는 것이 중요하다. 이것이 바로 걷기 명상의 기본 수련이다.

이런 기본이 되어 있으면 일상의 걷기에서도 충분히 응용할 수 있다. 호흡의 흐름과 발걸음 동작의 느낌을 잘 알아채면 된다. 걷기 명상이 산림욕과 병행할 수 있는 좋은 이유는 주변의 풍경이나 경관을 바라보며 할 수 있다는 것이다. 나뭇가지 사이로 보이는 하늘, 그리고 푸른 하늘에 떠가는 구름, 숲길을 가로지르는 다람쥐 한 마리, 길옆 계곡의 물 흐르는 소리, 바람소리와 새소리 등 모든 것들을 순간순간 느끼면서 명상을 할 수 있다.

숲에는 오감을 열고 만끽할 수 있는 다양한 요소들이 산재해 있다. 이들 모두가 의식을 집중하게 하고 즐거움을 주는 요소들이다. 숲을 걸으면서 이러한 자연과 교류하고 일치하며 황홀한 대화가 이루어지면 우리 마음속

깊이 행복감과 즐거움이 밀려온다. 아무런 명상방법 없이 숲을 걷는다는 것 자체로도 훌륭한 명상이다.

긍정적인 생각의 힘

우리가 부정적인 생각을 할 때 이는 직접 우리 몸에, 특히 신경 시스템에 스트레스를 준다. 부정적인 생각은 혈액 속에 아드레날린을 방출시키고 이 영향으로 분당 5회 정도의 심장 박동을 높인다. 반대로 평안하고 행복한 생각과 마음은 분당 5회 정도의 심장 박동을 줄여 준다. 자, 생각의 선택은 우리에게 달려있다. 사무실에서 또는 일상에서 몸과 마음이 피곤하고 부정적인 생각이 밀려올 때 다음과 같은 상상력 훈련을 해보자.

– 편안히 앉아 눈을 감는다
– 지난번 숲속의 여행, 산림욕 때의 자신의 모습을 생각해 본다
– 내 폐 속에 상쾌한 숲의 공기가 차오르고 있음을 느끼며 깊은 심호흡 한다.
– 머리를 똑바로 들고 아름다운 숲 광경을 보면서 숲길을 걷고 있는 자신을 생각한다.
  계곡의 길, 오르막, 내리막도 자신 있게 걸어가는 자신의 모습을 확인한다.
– 근육에 힘이 느껴지고 새로운 에너지가 솟을 것이다.

이른 아침의
산림욕은
온 하루를 위한
축복이다
헨리 데이비드 소로우